财智睿读

U0161798

RESEARCH ON THE OPTIMIZATION METHOD OF
SCAVENGING PROCESS FOR
THE OPPOSED PISTON
TWO-STROKE DIESEL ENGINE

对置活塞二冲程柴油机
换气过程优化方法研究

章振宇 张付军 武浩 赵振峰 赵长禄 ◎ 著

中国财经出版传媒集团

经济科学出版社
Economic Science Press

·北京·

图书在版编目（CIP）数据

对置活塞二冲程柴油机换气过程优化方法研究/章
振宇等著. -- 北京：经济科学出版社，2023.9
ISBN 978 - 7 - 5218 - 5065 - 9

Ⅰ.①对… Ⅱ.①章… Ⅲ.①二冲程柴油机 - 换气过
程 - 最优化算法 - 研究 Ⅳ.①TK429

中国国家版本馆 CIP 数据核字（2023）第 162583 号

责任编辑：刘战兵
责任校对：隗立娜
责任印制：范　艳

对置活塞二冲程柴油机换气过程优化方法研究

章振宇　张付军　武　浩　赵振峰　赵长禄　著

经济科学出版社出版、发行　新华书店经销

社址：北京市海淀区阜成路甲 28 号　邮编：100142

总编部电话：010 - 88191217　发行部电话：010 - 88191522

网址：www. esp. com. cn

电子邮箱：esp@ esp. com. cn

天猫网店：经济科学出版社旗舰店

网址：http://jjkxcbs. tmall. com

北京季蜂印刷有限公司印装

787 × 1092　16 开　17 印张　287000 字

2023 年 9 月第 1 版　2023 年 9 月第 1 次印刷

ISBN 978 - 7 - 5218 - 5065 - 9　定价：85.00 元

（图书出现印装问题，本社负责调换。电话：**010 - 88191545**）

（版权所有　侵权必究　打击盗版　举报热线：**010 - 88191661**

QQ：2242791300　营销中心电话：010 - 88191537

电子邮箱：dbts@ esp. com. cn）

前　　言

对置活塞二冲程柴油机（opposed-piston two-stroke diesel engine，OP2S）具有功率密度高、指示热效率高、自身平衡性好等优势，在内燃机发展进程中得到过广泛应用。近年来，随着无人机和地面特种装备动力对功率密度、功重比、高效率、低油耗需要的不断提升，以及现代内燃机增压、燃油喷射和电子控制技术的推动，OP2S又重新进入人们的视野并得到广泛关注，作为一种新型结构内燃机加以研究和开发。不同于普遍采用的四冲程内燃机，OP2S换气过程中新鲜充量与缸内废气不可避免地会发生掺混现象，使部分新鲜空气在换气过程中随废气排出汽缸，造成损失。与四冲程发动机不同，OP2S工作时，在活塞两个行程内耦合了换气、喷油、燃烧等多个重要过程，存在动力学、热力学与流体力学的强耦合关系。因此，如何在多场耦合强约束条件下实现换气过程的优化成为OP2S需要解决的首要问题。

优化方法很早就被研究人员应用于工程设计领域，其内涵为在一定约束条件下，保证被控对象的优化目标得到最优解。但对OP2S而言，换气过程同时也是缸内初始涡流、滚流形成的过程，影响了缸内初始气流流场分布及气流运动规律，同时缸内气流流场分布及气流运动规律影响缸内的油气混合和燃烧放热过程，从而对下循环换气初始时刻缸内工质状态产生影响，这又会反作用于换气过程。由此可见，换气过程与缸内气流运动过程和循环过程相互作用、相互影响，对发动机的优化带来了新的技术挑战。如何运用系统的优化方法进行分析和设计，需要进行全面深入的探讨。

本书基于作者多年的科研工作，将对置活塞二冲程柴油机作为一个完整的系统，从优化目标、结构参数优化、仿真模型、实验方法、运行特性分析等角度对OP2S换气过程优化开展研究，进而实现了提高进气效率与合理组织缸内气流运动等多目标优化过程，提升了二冲程对置活塞柴油机的性能，充分展现了其结构特点与工作过程优势。

　　本书由章振宇副教授主持编著，全书共 8 章。其中第 1 章至第 4 章由章振宇副教授撰写，第 5 章由张付军教授撰写，第 6 章和第 7 章由武浩博士撰写，第 7 章和第 8 章由赵振峰教授撰写，赵长禄教授拟定编写大纲。

　　在本书相关研究内容的研究过程中，得到了黄英教授、韩恺教授，以及董雪飞博士、刘宇航博士等的大力支持和帮助，在此表示感谢！

　　本书是在大量的科研活动基础上总结形成的，可以为该领域工程技术人员提供参考，也可以作为本专业研究生的教学参考书。

　　由于时间仓促，加之实用案例有限，书中在所提出的观点、方法以及书写规范等方面存在不足之处，恳请专家、学者提出宝贵意见，以利改进。

章振宇

2024 年 4 月于北京理工大学

主要符号对照表

	物理量符号			
θ	曲轴转角	Q_j	缸内气体与外界的热量交换
r	曲轴回转半径	h_j	质量 dm_j 带入（或带出）系统的能量
γ	曲拐偏移角	Q_B	燃料燃烧放热量
h_c	活塞压缩高度	Q_ω	缸内燃气与外界传热量
ω_1	曲轴角速度	U	缸内工质热力学能
ω_2	左侧摇臂角速度	W	气体对活塞所做机械功
ω_3	右侧摇臂角速度	D	发动机气缸直径
l_1	曲轴中心与摇臂中心的水平方向距离	V_C	发动机气缸最小容积
l_2	下连杆长度	R	气体常数
l_3	下连杆小头中心到摇臂中心距离	m_s	流入气缸内新鲜充量的瞬时质量
l_4	摇臂中心到上连杆大头中心距离	m_e	流出气缸内的废气瞬时质量
l_5	上连杆长度	m_b	喷入气缸的燃料瞬时质量
l_6	曲轴中心与摇臂中心的竖直方向距离	H_u	燃料低热值
l_7	气缸中心线与摇臂中心竖直方向距离	X_1	预混燃烧百分比
v_E	活塞运动速度	T	预混合燃烧领先时间
a_E	活塞运动加速度	t	时间
V	缸内气体体积	Q_d	扩散燃烧的燃料分数
T	缸内气体温度	p	预混合燃烧参数
P	缸内气体压力	t_d	扩散燃烧持续期
m	气体质量	A_i	各传热面积
u	比内能	T_wi	壁面温度
h	比熵	C_pT	经验常数
Re	雷诺数	G_s	进气口充量质量

续表

物理量符号			
C_1	速度系数	G_R	进气口参考质量
a	发动机缸内涡流比	l_0	给气比
C_2	燃烧室形状系数	G_0	缸内新鲜充量质量
C_m	活塞平均速度	mtr	捕获率定义
T_z	缸内温度	G_z	换气结束后缸内气体总质量
p_a	压缩始点压力	ms	扫气效率
T_a	压缩始点温度	G_h	新鲜气体完全充满气缸的质量
v_a	压缩始点容积	ϕ_C	充量系数
v_s	发动机工作容积	b	给气比
p_o	发动机倒拖时气缸压力	h_i	进气口高度冲程比
C_u	气口流量系数	h_e	排气口高度冲程比
n	发动机转速	b_i	指示燃油效率
p_z	排气腔压力（排气口）	$H\_$	燃料低热值
p_s	缸内压力（排气口）	n	发动机缸数
p_z	缸内压力（进气口）	vh	发动机单缸排量
p_s	进气压力（进气口）	$m_{ai}T$	进入气缸的新鲜空气质量
F_s	气口面积随曲轴转角变化的函数	m_{scav}	扫气过程中短路的气体质量
ρ	密度	$mt_,a_p$	捕获在缸内的气体质量
μ	流体的运动黏度	m_{eh}	排出气缸的气体质量
S_U	广义源项	m_{fuel}	燃油质量
S_w	广义源项	M	摩尔质量
T_{stable}	产物液滴半径	x_{te}	示踪气体在排气中的摩尔浓度
A	波长	x_{ti}	示踪气体在排气歧管中的摩尔浓度
C_1	液滴半径修正系数	$M_{ai}T$	空气摩尔质量
T_α	破碎时间	$(F/A)_0U$	全局空燃比
C_2	特征破碎时间修正系数	Ω	波增长率
TR	湍流混合时间尺度	cfu	经验常数
C_μ	经验常数	N_Z	采样循环总数
G_T	捕获缸内示踪气体质量	W_{ad}	绝热压缩功

物理量符号			
mcT	缸内反应率	W_k	供给扫气泵的功（包括轴承和传动装置中的损失）
$G_{r,eh}$	示踪气体在排气中的反应量	W_{ki}	扫气泵压缩空气消耗功
$G_{z,eh}$	示踪气体进入排气总量	$G_{R,exh}$	排出气缸的瞬时废气质量
f_{mf}	失火系数	$G_{z,exh}$	排出气缸的瞬时气体总质量
N_{mf}	失火循环数	P_e	机械增压器在换气过程中所消耗的功率
角标符号			
e	通过排气口流出气缸的气体	U	传热与外界的热量交换
s	通过进气口进入气缸的气体	d	扩散燃烧参数
t	燃料燃烧对气体的放热项	p	预混合燃烧参数
希腊字母			
φ	气缸曲轴转角	η_{it}	指示热效率
$\alpha_\emptyset$	广义过量空气系数	ε_r	排气反应率
η_u	燃烧效率	η_{ad}	绝热效率
σ	韦伯因子	η_m	机械效率
ε	湍动能耗散率	η_{adi}	内部绝热效率
μ_t	湍流黏性系数	μ_s	扫气口流量系数
σ_p	预混燃烧品质的韦伯因子	μ_a	排气口流量系数
σ_d	扩散燃烧品质的韦伯因子	μ_T	等效流量系数
β_i	进气口宽度比	ψ_{sa}	流量参数
β_e	排气口宽度比	$\eta_{R,e,h}$	瞬时排气残余废气系数
α	空燃比	$\eta_{R(\theta)}$	某一曲轴转角所对应的缸内废气残余系数
缩略词符号			
OP2S	对置活塞二冲程发动机	EBU	涡破碎模型
OPOC	对置活塞对置气缸	IPO	进气口开启时刻
HCCI	均质充量压燃	IPC	进气口关闭时刻
JLTV	联轻型战术车辆	SOI	喷油起始点
ERG	换气品质率	SOC	燃烧起始点
ISFC	指示燃油消耗率	CRR	扫气过程中缸内瞬时废气系数

续表

缩略词符号			
IMEP	平均指示压力	ERR	排气瞬时废气系数
RCS	离心式机械增压器	BSFC	燃料消耗率
WAVE	破碎模型		

目　　录

第1章　绪论 ……………………………………………………… 1

1.1　研究背景 …………………………………………………… 1

1.2　对置活塞发动机的发展历程 ……………………………… 3

1.3　对置活塞二冲程发动机的典型结构 ……………………… 4

1.4　国内外主要研究进展与应用前景 ………………………… 8

1.5　本书的主要研究内容 ……………………………………… 20

第2章　OP2S 基本结构与工作过程 ………………………… 23

2.1　对置活塞二冲程柴油机总体结构与工作原理 …………… 23

2.2　对置活塞二冲程柴油机多学科耦合分析 ………………… 30

2.3　对置活塞二冲程柴油机耦合仿真模型的建立 …………… 32

2.4　模型关键参数的校核与验证 ……………………………… 48

2.5　本章小结 …………………………………………………… 53

第3章　换气过程结构参数优化研究 ………………………… 55

3.1　二冲程发动机换气过程分析及评价指标 ………………… 55

3.2　对置活塞二冲程柴油机换气过程的参数化分析 ………… 58

3.3　换气过程关键结构参数优化 ……………………………… 77

3.4　优化计算结果分析 ………………………………………… 81

3.5　本章小结 …………………………………………………… 93

第4章　缸内换气过程的实验研究 ················· 95

4.1　OP2S 柴油机实验平台 ················· 95

4.2　换气品质参数测试方法与实验装置 ················· 100

4.3　OP2S 柴油机换气品质影响研究 ················· 109

4.4　OP2S 柴油机耗气特性影响研究 ················· 119

4.5　本章小结 ················· 132

第5章　缸内气流组织与运动特性 ················· 133

5.1　内燃机缸内气体流动形式 ················· 133

5.2　对置活塞二冲程柴油机缸内气流运动特点 ················· 139

5.3　对置活塞二冲程柴油机进气系统结构对缸内
气流运动的影响 ················· 148

5.4　本章小结 ················· 168

第6章　换气预测与模型研究 ················· 170

6.1　缸内工作过程模型校核 ················· 170

6.2　扫气模型的建模和校验 ················· 180

6.3　换气过程的影响规律研究 ················· 188

6.4　换气品质参数对缸内工作过程的影响分析 ················· 194

6.5　本章小结 ················· 205

第7章　增压匹配研究 ················· 207

7.1　OP2S 柴油机与扫气泵匹配方法研究 ················· 207

7.2　废气能量分析及复合增压方案研究 ················· 217

7.3　可调复合增压匹配参数影响规律分析 ················· 229

7.4　可调复合增压方案切换规律研究 ················· 236

7.5　本章小结 ················· 248

第8章　总结 ················· 250

参考文献 ················· 252

第1章

绪　论

1.1　研究背景

  以汽车大众化为标志的汽车行业在过去的 70 年里得到迅速发展，全世界汽车保有量从 20 世纪 50 年代起开始不断增加，截至 2020 年底已接近 15 亿辆，比 2010 年增加近 5 亿辆。随着我国经济的持续发展和居民可支配收入增加，机动车保有量呈现逐年稳增态势，截至 2021 年上半年，我国机动车保有量已达 3.84 亿辆，其中汽车保有量 2.92 亿辆[1]。2021 年是中国"十四五"规划开局之年，随着汽车保有量的不断增长，汽车诊断市场规模也将不断扩大。当前，作为我国工业和社会发展的重要支撑，我国陆路、水路、航空等交通运输领域发展迅速，发动机的需求市场仍在不断扩大。然而在当今社会，能源与环境问题日益突出，发动机的相关研究在面对巨大的市场与机遇的同时，也面临着前所未有的发展压力与挑战。

  世界各国在节能、高效、清洁动力等方面都进行了大量的探索与努力。一方面，基于传统发动机的整体结构与外部设备已基本趋于完善，一段时间内难有较大的突破的形势，一般采用创新喷油方式、优化喷油规律、改善冲量更换等多种方式耦合创新优化；另一方面，各企业大胆采用新技术、新原理，突破发展新动力形式。在此种背景下，对置活塞二冲程发动机（opposed-piston two-stroke engine，OP2S）以其高效、高功率密度等优点被重新重视起来[2]。历史上 OP2S 一直保持着较高的燃油效率。20 世纪后半叶，二冲程发动机普遍存在的排放问题阻碍了 OP2S 在汽车上的广泛应用。但是，随着现代分析工具、材料及工程技术的发展，OP2S 的一些固有缺点逐渐得以解决，排放问题不再是制约 OP2S 发展的因素。进入 21 世纪，OP2S 持续受到关注并不断发展，目前实验室状态下的 OP2S 与传统柴油机对比可实现同等排放性能下的燃油消耗率大幅降低[3~5]。

OP2S 作为一种被重新重用的创新结构形式的发动机，与传统发动机相比，其高功率密度[4,6,7]、高指示效率[8]、自身平衡性佳等明显优势，使其在特种动力、军用车辆[9,10]、辅助动力装置[11]等方面被广泛应用。二冲程对置活塞发动机由一个气缸和两个分别位于进气侧和排气侧的活塞组成，两个活塞和气缸的封闭空间构成了发动机的工作容积，两个活塞在同一气缸对置布置往复相对运动，可使推拉力相互抵消，减小发动机自身震动，增强了运动平稳性、减小了噪声，同时在很大程度上提升了发动机的自平衡性，减小了主轴承和曲轴箱所承载的负荷，使其功率密度得以提高；同时 OP2S 发动机取消了传统发动机气缸盖、配气机构等复杂结构，从而实现了结构的简化、紧凑，达到了轻量化设计的目标[12]。

二冲程内燃机换气过程中新鲜充量进入气缸和缸内废气排出缸外几乎是同时进行的。当进气口打开以后，新鲜充量进入缸内将缸内废气"推"出缸外。在这个过程中，新鲜充量与缸内废气不可避免地要发生掺混的现象。另外，随着缸内剩余废气质量的下降，进入同等质量的新鲜充量能够置换出的缸内废气质量将会下降，这就意味着发生新鲜充量短路的趋势将会更加明显。由于二冲程发动机换气过程的特殊性，换气过程对于发动机性能产生十分重要的影响。

对于二冲程对置活塞柴油机，除了上述换气特性之外，因其换气机构取消了传统二冲程直流扫气发动机的"气口—气门"结构，而是采用"气口—气口"式直流扫气结构，换气由缸套两侧的进、排气口实现，气口的开启与关闭由活塞的相对位置来控制；同时，采用直流扫气的换气方式，通过切向进气口实现对进气气流的导向作用，使得气流在缸内产生一个绕气缸轴线运动的涡流，气流的涡旋运动是二冲程柴油机缸内气流的主要运动形式。进气涡流一方面可以较好地避免新鲜充量与已燃气体的掺混，促进混合过程燃油的雾化与燃烧，另一方面也会对进气气流产生一定的影响，进而影响发动机的换气品质。因此，通过改变发动机的自身结构改善发动机的进气效率和合理组织缸内气流运动逐渐演变为目前研究的重点[13]。

1.2 对置活塞发动机的发展历程

对置活塞发动机概念的起源可追溯到 1850 年。德国科隆大学的吉尔斯（Gilles）是最早研究对置活塞发动机的学者，其因于 1874 年提出了二冲程、气体燃料对置活塞发动机的方案而闻名于世。德国工程师威庭（Witting）在其研究基础上进行改进创新并于 1878 年设计制造了世界上第一台煤气燃料的对置活塞发动机[2]。此后对置活塞发动机如雨后春笋般涌现，其中绝大部分对置活塞发动机都采用二冲程的工作模式。

20 世纪中期以后，伴随着第三次科技革命，对置活塞发动机领域呈现出百花齐放的态势。这一时期诞生了很多经典的设计概念，包括四冲程与二冲程的选择、大缸径与冲程的选择、双曲轴驱动设计、三曲柄单曲轴和外连杆的结构设计、通过曲柄夹角的调整来改变二冲程发动机的换气正时、周向喷油技术等。代表机型有英国 Rootes 公司的 TS - 3 车用对置活塞发动机、Doxford 船用对置活塞发动机、Junkers 205 E 航空用对置活塞发动机。20 世纪 70 年代以来，随着螺旋桨飞机逐渐被喷气式飞机所取代，对置活塞发动机越来越少地被应用于航空领域。同时，现代排放法规的出现也进一步阻止了两冲程发动机在车辆上的推广与使用，在此种背景下 OP2S 的技术更新与产品迭代受到了较为严重的打击，其发展也进入了一个相对停滞的阶段。这一时期 OP2S 的应用仅仅局限于不受排放约束的军用领域。其中以苏联及乌克兰的 6 - TD 发动机为代表[2]。

进入 21 世纪后，凭借现代开发工具和先进燃料供给系统的技术进步，对置活塞发动机的技术难题已经被转化为发展良机。OP2S 进入了后发展时期。对比现有的四冲程发动机，对置活塞发动机所具备的高热效率、低排放、小包装尺寸、重量轻和低成本等优势，使其成为未来商用车和通用航空最有吸引力的选择之一。新出现的 OP2S 已经能够满足更低的发动机排放要求，同时可实现燃料消耗水平低于现有最先进的四冲程发动机。代表机型有 FEV 和 EcoMotor 的 OPOC（opposed-piston, opposed-cylinder）柴油机[11,14]，以及 Achates Power 公司的 A40、A47、A48 等对置活塞发动机[3~5,8,15]。

1.3 对置活塞二冲程发动机的典型结构

OP2S 的结构形式多种多样，根据活塞同步方式可分为自由活塞式 OP2S、曲柄连杆式 OP2S 和折叠曲柄式 OP2S。

1.3.1 自由活塞式对置活塞二冲程柴油机

图 1.1 所示为自由活塞式 OP2S 的概念。该发动机活塞运动不受机械约束，因此需有一套单独的压缩系统，压缩冲程时活塞依靠压缩系统的外部力量将其推到气缸容积最小点；膨胀冲程时活塞在缸内燃气推力的作用下运动到气缸容积最大点。这种发动机两个活塞的同步十分困难，同时需要一套单独的压缩系统，控制起来较为困难[2]。

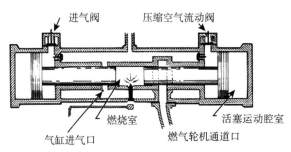

图 1.1　自由活塞式 OP2S 概念[2]

OP2S 最早就是以自由活塞 OP2S 的形式出现的，但是由于活塞同步控制问题难以解决而逐渐被其他形式的 OP2S 取代，近年来随着发动机控制技术的发展，自由活塞式 OP2S 以其压缩比可调及燃烧可控的特点再次受到学者的关注[16]。

1.3.2 曲柄连杆式对置活塞二冲程柴油机

曲柄连杆式 OP2S 是历史上出现最多的一种 OP2S，其结构示意图如图 1.2

所示。曲柄连杆式 OP2S 与传统曲柄连杆发动机相似，活塞由曲柄连杆结构控制。发动机一般由两个或多个曲轴输出机械功，并通过一套功率汇流装置合成后输出。典型的曲柄连杆式 OP2S 有 Junker Jumo 系列航空发动机、Doxford 船用发动机和乌克兰 6 – TD 坦克发动机。Junker Jumo 系列航空发动机是 1930 ~ 1945 年服役的著名发动机，这些发动机都是采用 6 缸 12 活塞布置的 OP2S。图 1.3 所示为 Junker Jumo 207C 航空发动机结构示意图，其结构形式为气缸水平放置，进、排气活塞分别由相应的曲柄连杆系统来驱动，并采用双曲轴的功率输出形式，两根曲轴由传动机构互相连接起来。两根曲轴输出的动力通过汇流齿轮组汇合后输出[2]。

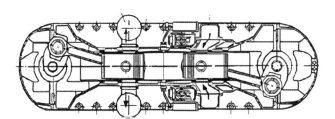

图 1.2　曲柄连杆式 OP2S[2,14]

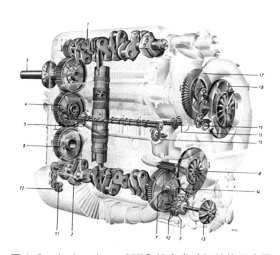

图 1.3　Junker Jumo 207C 航空发动机结构示意图

1.3.3　折叠曲柄式对置活塞二冲程柴油机

图 1.4 所示为折叠曲柄式 OP2S 示意图。它由一套折叠曲柄机构通过曲轴

关联来实现活塞运动的同步，机械功通过曲轴输出。气缸水平布置，曲轴位于气缸下端并通过两套对称的连杆分别控制进、排气活塞的运动。

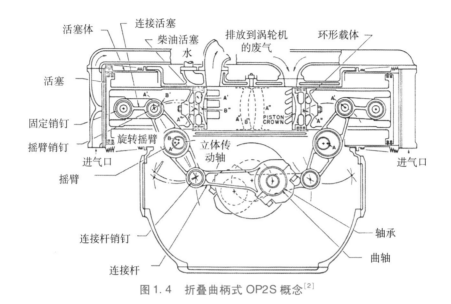

图1.4　折叠曲柄式 OP2S 概念[2]

典型折叠曲柄 OP2S 有英国 Rootes TS‑3 发动机，如图1.5所示。Rootes 公司为其 Commer QX8 卡车（见图1.6）开发了 3.3L Rootes TS3 发动机。该发动机是一款大功率的二冲程对置活塞式柴油发动机，这种发动机每个气缸配有两个对置的活塞，只有一个曲轴，没有气缸盖，体积小，能够提供高达 362N·m 的扭矩。1954～1972 年使用该发动机的卡车总共生产了 50000 多辆[2]。

图1.5　Rootes TS‑3 发动机[2]

图 1.6 Commer QX8 卡车[2]

表 1.1 给出了三种典型 OP2S 结构类型的优缺点。自由活塞式 OP2S 压缩比可调，可实现 HCCI 燃烧，但是活塞同步控制困难；曲柄连杆式 OP2S 高度低、自平衡性好，但是需要单独的功率汇流装置，机构复杂；折叠曲柄 OP2S 具有结构紧凑度高、自平衡性好、发动机机体不受力等优点，因此可以大幅度提高功率密度而不影响发动机机体的负荷。本书的主要关注对象为折叠曲柄式 OP2S，原理样机的设计在充分调研的基础上借鉴了 Rootes TS–3 发动机的部分设计理念，具体结构特点将在本书第 2 章中详细介绍。

表 1.1　　　　　　　　三种主要 OP2S 结构类型的优缺点对比

结构类型	优点	缺点
自由活塞式 OP2S	活塞运动不受机械约束；可实现功率输出的频率调节	两个活塞组件的同步困难、需要专门的同步装置
曲柄连杆式 OP2S	发动机高度低，自平衡性好	结构集成度低，机体受两侧活塞爆发压力；需要专门功率汇流装置，机械效率低
折叠曲柄式 OP2S	结构紧凑度高，自平衡性好，活塞所受爆发压力可相互抵消，发动机机体不受力	曲柄折叠机构摩擦副增加，机械效率低

1.4 国内外主要研究进展与应用前景

OP2S 的高效、高功率密度及平衡性好等特点吸引了美国、欧洲及国内许多研究机构及高校的关注并取得了丰硕的研究成果。

1.4.1 国外研究现状

国外研究 OP2S 以日本丰桥工业大学、乌克兰马利切夫制造局、德国 FEV 公司与美国 EcoMotors 公司、美国 Achates Power 公司为代表。三种典型结构的 OP2S 都有相关机构开展研究。

日本丰桥工业大学的 Hibi 教授从 20 世纪 70 年代中期开始研究单活塞式液压自由活塞发动机,但是最终由于控制问题没有继续开展深层次的研究,而是转向了对置活塞式液压自由活塞发动机项目的研究[17,18]。其原理如图 1.7 所示,两个活塞布置在同一气缸中,每个动力活塞驱动三个液压柱塞结构,其中一个柱塞用于活塞回位压缩过程,两个柱塞用于泵油,每个单元输出功率为 32.5kW,最大工作频率 30Hz,气缸直径 100mm,活塞冲程 102～106mm,外形尺寸 $888 \times 860 \times 500 \text{mm}^3$。

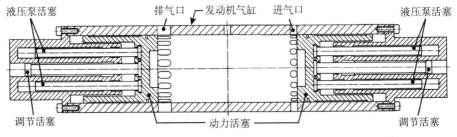

图 1.7 日本丰桥工业大学的双活塞式液压自由活塞发动机结构示意图

乌克兰马利切夫制造局从 20 世纪 50 年代开始研制 6 - TD 系列柴油机,功率由 515kW、735kW、883kW 发展到现在的 1103kW 并装备本国的 T - 84 型主战坦克(见图 1.8),以及巴基斯坦的 MBT - 2000 型主战坦克(见图 1.9)。

图 1.8 T-84 主战坦克[2]

图 1.9 MBT-2000 主战坦克[2]

该发动机借鉴了 Junker Jumo 系列航空发动机的结构特点，为六缸卧式、对置活塞、直流扫气、二冲程、增压直喷柴油机。其工作原理如图 1.10 所示，气缸水平放置，每缸中部两侧开有气口，一侧为进气口，另一侧为排气口。活塞除完成自身作用外，还执行配气功能。进、排气活塞分别由相应的曲柄连杆机构来驱动，并采用双曲轴的功率输出形式，两根曲轴由传动机构互相耦合起来，两个活塞运动上有 10° 的相位差以保证理想的配气相位。由于曲轴转角的偏差，两根曲轴所输出的功率也不同。由于活塞运动存在 10° 相位差，因此进气曲轴和排气曲轴分别占发动机输出功率的 30% 和 70%。6-TD 系列发动机的研究主要是为了提高发动机的功率密度以满足未来主战坦克对动力系统的要求。围绕这一目标的研究有：增压系统及增压器的匹配、机体机构强度及零部件所受应力的优化研究、冷却及润滑系统的优化研究。

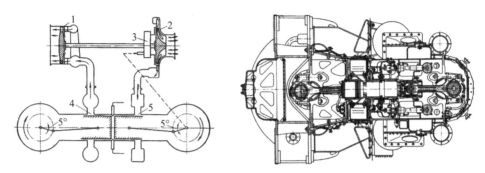

图 1.10　6 – TD OP2S 工作原理

针对美国国防预先研究计划局（DARPA）关于缩小军用地面车辆动力装置体积的要求，德国 FEV 公司和美国先进推进技术公司（APT）受美国陆军坦克机动车辆研究发展与工程中心（TARDEC）委托，在彼得·霍夫鲍尔（Peter Hofbauer）教授带领下研制出了轻质高功率密度的 OPOC 发动机。OPOC 发动机每个单元有两个水平对置气缸，每个气缸中有两个活塞，工作时两个活塞向相反的方向运动。曲轴安放在两个气缸中间，曲轴上四根连杆分别与四个活塞相连（见图 1.11）[11,14]。在此基础上，霍夫鲍尔等分别研制开发了适用于军用地面车辆的 465kW（650hp）和 330kW（450hp）的 OPOC 柴油机和适用于小型无人机及辅助动力装置的 5/10kW 小型多燃料 OPOC 发动机。

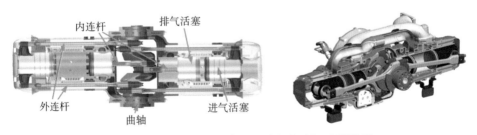

图 1.11　对置活塞对置气缸二冲程发动机（OPOC）

与性能相同的四冲程发动机相比，OPOC 发动机的重量降低了 34%，成本降低了 12%。OPOC 特殊的发动机结构使内连杆总是受压，而外连杆总是受拉，每个气缸有两个喷油器，换气系统采用机械增压和涡轮增压的复合增压方式[14]。

　　OPOC 发动机通过模块化设计大幅度增加了发动机功率的可调范围，其多单元之间采用离合器连接，如图 1.12 所示，实际应用过程中可根据功率需求调整发动机工作单元的数量。OPOC 发动机面向对象之一为轻型卡车，其车载方案如图 1.13 所示。

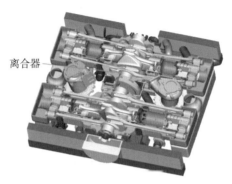

图 1.12　OPOC 柴油机多单元组合方案

图 1.13　OPOC 柴油机车载方案

　　OPOC 发动机在国内也受到广泛重视，清华大学汽车安全与节能国家重点实验室[6]、天津大学内燃机燃烧学国家重点实验室[19]、中北大学[20~22]和中国北方发动机研究所[23]也对 OPOC 在各项性能方面开展了相关研究。

　　Achates Power 公司的研究人员总结了前人的研究成果并开发了 A40、A47、A48 系列 OP2S，如图 1.14 所示。A40 发动机通过连杆将设置在气缸中的一对活塞连接于一对侧置于气缸两侧的曲轴上，该连杆主要承受活塞与曲轴之间的压应力。这种结构可以消除活塞对缸套的侧压力，降低活塞与缸套的摩擦损失[24]。

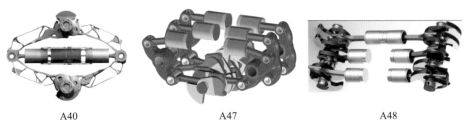

A40   A47   A48

图 1.14   Achates Power 系列 OP2S

A47 发动机是在英国 Roots 公司的 Rootes - 3 发动机的基础上发展起来的，A47 发动机与飞轮相连的曲轴上装有一组连杆（两根），即下连杆。摇臂与下连杆相连，摇臂可绕固定的摇臂轴摆动。进、排气活塞分别通过上连杆与摇臂相连。配气机构工作原理与 A40 相似，气缸中部两侧开有气口，一侧为进气口，另一侧为排气口。气缸内装有两个活塞，控制进气口开启、关闭的活塞称为进气活塞，控制排气口开启、关闭的活塞称为排气活塞[24]。

Achates Power 公司的研究内容主要集中在发动机热力循环，包括缸内热力循环的分析与优化、二四冲程切换技术等。Achates Power 公司运用现代分析工具、材料和工程方法发展 OP2S，其最先进的核心技术是气缸设计。在结构设计上的优化使得对置活塞发动机简单紧凑，有效效率有望超过 45%，且氮氧化物排放明显降低。

Achates Power 的发动机由于减少了零部件的使用，并使用了密度更小的原材料，整个发动机更加轻便；而且发动机还是采用传统的材料和制作工艺进行生产制造，具有制造可继承性。与性能相同的四冲程发动机重量和成本的比较显示，OP2S 重量减轻了约 34%，成本降低了约 12%[24]。

Achates Power 的 OP2S 多缸集成方法与传统多缸柴油机并无差异，如图 1.15 所示。其应用主要面向轻型载重车辆，车载方案如图 1.16 所示。

图 1.15 A48 三缸集成方案

图 1.16 Achates Power 发动机车载方案

1.4.2 国内研究现状

在国内，也有一些高校及研究机构对 OP2S 进行了研究，主要有大连海事大学[25]、天津大学[16,19,26]、北京理工大学[27~31]、清华大学[6]、湖南大学、中北大学[20]、北方发动机研究所[23]等。

大连海事大学提出了一种 6VOP2S 发动机概念，如图 1.17 所示。该原理样机基于 OPOC 发动机概念，其曲柄—连杆机构由曲轴、内外连杆和内、外活塞组成，分为左右两列气缸，每列气缸均有一组对置活塞，通过各自连杆与曲轴连接。该发动机采用直流扫气,其中内活塞控制进气口开闭,外活塞控制排气口开闭,研究表明该发动机具有良好的动力学特性[25]。针对该发动机的其他研究还未见报道。

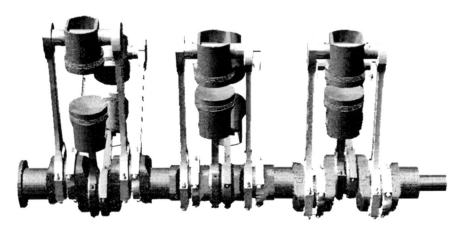

图 1.17   大连海事大学的 6VOP2S 发动机

天津大学内燃机研究所提出了一种液压自由活塞 OP2S 的方案,如图 1.18所示。其结构上由两个活塞同时布置在一个气缸当中,两个活塞没有机械约束,依靠液压系统和缸内燃气的相互作用来控制活塞的运动。换气系统采用直流扫气与曲轴箱扫气相结合的形式,通过在进气总管上设置单向阀实现曲轴箱的密封。该发动机具有压缩比可调的优点,同时能够实现 HCCI 燃烧[26]。

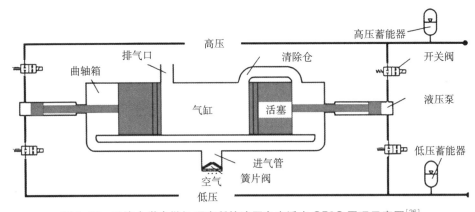

图 1.18   天津大学内燃机研究所的液压自由活塞 OP2S 原理示意图[26]

北京理工大学机械与车辆学院[27~31]于 2011 年在国内率先开展了 OP2S 的研究，并研制出第一代原理样机，如图 1. 19 所示。研究人员不仅对 OP2S 的参数化设计方法、活塞动力学、参数影响规律、原理样机研制、试验平台搭建等方面开展研究，同时对 OP2S 换气过程、缸内气流运动、混合气形成及燃烧过程进行了研究，获得了较为丰富的研究成果。

图 1. 19　北京理工大学机械与车辆学院 OP2S 原理样机及试验平台

清华大学、湖南大学的研究以 OPOC 为基础，研究内容主要为 CFD 仿真计算与优化研究，本书将在后面详细介绍。

1. 4. 3　未来发展趋势

从目前的技术水平和工业现状来看，高效低排放发动机在新的洁净能源来临之前依然是推动工业发展的主要动力。目前在美国，OP2S 已经成为提升汽车传统动力的技术突破口之一。FEV 与美国 EcoMotors 公司的 OPOC 柴油机已经被选作美国"悍马"之后的联轻型战术车辆（JLTV）的备选动力[2]。美国 Achates Power 公司的单缸原理样机试验研究结果表明，OP2S 的快速燃烧使发动机很容易实现高效低排放特性[5]。Achates Power 公司的试验结果同时表明，目前 OP2S 原理样机试验水平预计可以满足美国 2025 年的排放法规及燃油经济性法规，将 OP2S 应用在重载车辆上可实现节油 30% 以上，可大大降低运输成本[3]。

综上所述，OP2S 的性能决定了其在未来具有很好的发展前景。与传统柴油机相同，OP2S 的发展正朝着高效、低排放、高功率密度的方向发展。

1.4.4 核心问题与研究进展

1.4.4.1 换气过程研究

二冲程换气过程是缸内气流运动的主要形成过程，换气过程通常涉及复杂的多相流动过程，并且涵盖了热力学、流体力学及空气动力学等诸多学科，研究起来十分困难。二冲程发动机由于进、排气过程重叠期较大导致其换气过程复杂程度远超四冲程发动机。国外针对二冲程换气过程的研究开展较早，前期的研究完全依托试验，随着计算机辅助技术的发展，数值模拟取代了部分试验并收到了良好的效果[32~34]。

谢尔（Sher）[35]早在 20 世纪 80 年代就开始利用数值模拟计算回流扫气二冲程发动机的气体流动过程。其早期的计算模型较为简单，只建立了气缸模型，气口状态通过定义边界条件给出，因此计算精度较差。

哈沃斯等（Haworth et al.）[36]针对谢尔计算精度的不足的问题，利用 KIVA - Ⅱ程序分别划分了扫气腔、气缸及排气腔网格，网格之间交接面处的物理参数互为边界条件。求解过程中将各部分作为一个整体进行求解，避免了由于边界条件的设置误差导致的计算误差。计算结果表明，这种建模方法计算精度较高，适用于模拟二冲程发动机的换气过程。

姜国栋等[37]采用 ICE - ALE 数值计算方法仿真研究了直流扫气二冲程柴油机气体流动过程。研究结果表明，采用 ICE - ALE 数值计算方法的计算结果与试验结果吻合较好，说明数值模拟计算可以用来分析直流扫气二冲程柴油机流动过程，为结构选优提供数值依据。

赵峰[38]采用 CFD 仿真研究了大型船用低速直流扫气二冲程柴油机的换气过程，分析了进气口仰角及径向倾角对换气过程的影响。研究结果表明，增加进气口倾角可以加速扫气前期进程，但是会导致新鲜充量与废气掺混严重。同时进气口仰角的设计应首先考虑发动机额定转速的大小，高转速时仰角增大可以改善换气品质，但是低速时仰角增大对换气不利。进气口倾角对换气过程影响明显，当倾角为 20°左右时发动机扫气效率最大。

张航[39]在赵峰[38]的基础上研究了进气口结构对换气过程的影响。研究结果表明，采用 0°仰角有利于扫气过程的进行；进气口数量增加时，扫气初期气流运动加速度随之增大，压缩上止点附近缸内湍流强度也随之提高。

朱涛等[40,41]利用一维、三维仿真手段研究了气口高度、气口角度等参数对液压自由活塞 OP2S 换气过程的影响。研究结果表明，适当的扫气倾角有助于提高扫气效率，气口倾角过小会导致新鲜充量的内部短路，导致气缸套附近的废气难以清除；气口倾角过大会导致新鲜充量外部短路，气缸中心区域的废气难以清除。

OP2S 换气过程与传统二冲程柴油机换气过程并无本质区别，其换气过程的研究是建立在传统二冲程柴油机换气过程研究方法的基础上并结合自身结构特点开展的。

OP2S 具有很大的进、排气口叠开角，新鲜充量掺混损失后导致发动机扫气效率、捕获率等性能指标很难测量。为了精确测量 OP2S 换气性能，为仿真模型的校核与验证提供依据，麦克高等（McGough et al.）[42]利用示踪气体法研究了 OP2S 扫气过程。研究结果表明，示踪气体法测量精度随排气温度的升高而降低，因此当发动机工作在部分负荷时（25% ~ 75% 负荷），示踪气体法测量精度较高。在此基础上，麦克高等[42]还研究了转速、负荷、扫气压力对 OP2S 换气性能的影响。研究结论表明发动机捕获率会随着给气比的增加而降低。

霍夫鲍尔（Hofbauer）[14]从循环热力学角度出发，将 OPOC 发动机换气过程视为一维气体等熵流动过程，并利用 GT - power 建立了 OPOC 发动机的一维热力学仿真模型。通过计算分析，研究了进、排气口高度变化对换气过程的影响，最终得到最优的进、排气口高度组合；在此基础上利用 Star - CD 建立了OPOC 发动机的 CFD 仿真模型，通过计算分析，研究了不同进、排气腔结构对换气过程的影响，并获得了最优的气腔结构。霍夫鲍尔[14]还提出了采用一维与三维仿真相结合的方法对换气系统参数进行仿真优化的方法，在进、排气口高度优化过程中首次提出以速度特性作为换气过程的优化目标。

陈文婷等[6]利用 AVL - FIRE 建立了 OPOC 柴油机换气过程的 CFD 仿真模型，采用数值模拟的方式对 OPOC 柴油机的扫气过程进行仿真模拟，并利用AVL 气道稳流试验台的试验数据校核模型。研究结论表明，采用直流扫气能较好地避免新鲜充量与废气的相互掺混，通过对换气过程的优化，其扫气效率最高可达94%。

OP2S 发动机换气过程 CFD 仿真研究的难点在于气缸动网格与气口、气腔静态网格的结合。高翔[20]详细介绍了 OPOC 柴油机换气过程 CFD 仿真模型建模过程及方法，分析了转速变化对换气过程的影响及气口结构对换气过程缸内气流运动的影响。研究结果表明，转速的增加降低了 OPOC 柴油机的扫气效率，采用径向倾角进气口能有效组织缸内涡流，采用仰角进气口能有效组织缸内滚流。

裴玉姣[21]在前人研究的基础上，采用 1-3 维仿真相结合的方式优化研究了 OPOC 柴油机换气系统参数及其变化对换气过程的影响。研究结论表明，采用一定的倾角有利于提高 OPOC 柴油机的换气品质。相似的结论同样出现在吴等（Wu et al.）[16]的研究中，当液压自由活塞 OP2S 换气过程进气口倾角由 0°变化到 20°时，扫气效率先增大后降低，在 5°时达到最大值。

吴等[16]在研究进气口倾角对换气过程的影响时提出，当倾角过小时，气缸内没有明显的涡流运动，新鲜充量在气口附近汇聚后直接迅速沿着气缸中轴线向排气口运动，导致流动路径大幅缩短。同时，新鲜充量与缸内废气的接触面积减小，新鲜充量的扩散作用受到抑制。当倾角过大时，新鲜充量在进入气缸后速度的切向分量较大，径向分量较小，因此在径向上的运动距离较短，沿着缸壁的涡流运动较强。由于新鲜充量的径向流动范围小，在整个扫气过程中，新鲜充量无法对靠近气缸中心的废气形成冲击作用，只能依靠扩散作用对其产生影响。除此之外，在扫气过程中后期，浓度较高的新鲜充量会从排气口流出，形成"外围短路"。

1.4.4.2　缸内气流运动及燃烧过程研究

对于柴油机而言，燃料在压缩终点附近被喷入气缸。随着时间的推进，燃油液滴经历破碎、吸热、蒸发等过程进而与空气混合并燃烧。缸内气流运动及燃油喷射规律对缸内油气混合起到决定作用。研究人员对传统柴油机中缸内气流运动、喷油及混合燃烧的研究已经广泛开展，并取得了丰硕的成果。国内外众多学者已经通过试验及数值模拟的方法证明了柴油机进气流动对发动和燃烧特性和排放性能的影响。

波等（Bo et al.）[43]采用数值模拟计算方法，通过对比分析了缸内不同流动形式及气流运动特性对喷雾形状和混合气浓度的影响，分析了缸内气流运动对混合气形成过程的影响，研究结果表明，缸内气流运动规律变化对喷雾特性影响很大。

史蒂芬森（Stephenson et al.）[44,45]采用仿真研究方法研究了四冲程柴油机缸内气流运动化对混合燃烧机换气过程的影响，研究过程中通过改变气门升程来改变缸内气流运动特性。研究结果表明，缸内涡流强度对柴油机缸内混合、燃烧及排放性能有直接的影响。埃斯佩等（Espey et al.）[46]通过试验研究了缸内涡流强度变化对混合气形成及火焰发展传播过程的影响。研究结果表明，涡流强度的增加可以促进火焰传播速度、提高燃烧效率。

金等（Kim et al.）[47]在试验中研究了进气道涡流控制阀组织缸内涡流对混合、燃烧过程的影响。研究结果表明，组织缸内涡流使得燃烧在缸内分布更加均匀。

如上所述，针对传统柴油机缸内气流运动及燃烧过程的研究已经相当成熟，OPOC 或者 OP2S 缸内气流运动及燃烧过程的研究方法与传统发动机的研究方法并无太大差异。

刘长振等[23]提出了 OPOC 柴油机缸内过程零维仿真研究方法，将 OP2S 一个单元等效为相同缸内容积变化率的传统柴油机的一个气缸，并在 BOOST 的基础上建立了 OPOC 的一维仿真模型，采用韦伯函数模拟 OPOC 柴油机缸内燃烧放热规律。研究结果表明，仿真结果与试验误差较小。霍夫鲍尔[14]利用 GT – Power 建立了 OPOC 柴油机一维仿真模型，采用了与刘长振等[23]相似的一维放热规律模拟方法，并将计算得到的缸内压力与 CFD 计算得到的缸内压力对比，二者误差较小。其研究结果再次证明，韦伯函数可模拟 OP2S 缸内放热规律。

许汉君等[19]利用 KIVA – 3V 建立了 OPOC 柴油机缸内过程的 CFD 仿真模型，通过数值模拟研究了 OPOC 柴油机缸内流动形式对混合气的形成及燃烧过程的影响。研究结果表明，与传统柴油机不同，OPOC 柴油机中组织滚流可以显著增大缸内气缸容积最小点附近湍流动能水平，有效地加快燃烧进程，并降低缸内传热损失。

霍夫鲍尔[14]和弗兰克等（Franke et al.）[11]利用 Star – CD 建立了 OPOC 柴油机燃烧过程仿真模型，研究了喷油参数、喷孔数量、喷孔角度及位置对缸内混合气形成和燃烧过程的影响。研究结果表明，OP2S 侧向喷油特性导致其燃烧与传统柴油机有着很大的不同。缸内强烈的涡流运动容易导致油束偏转，使燃油难以到达气缸中心区域，导致空气利用率降低，同时燃烧容易发生在燃烧室表面导致传热损失增加。缸内较低的涡流水平结合较高的喷油速率能有效提高燃烧性能。

瑞格纳等（Regner et al.）[3]试验研究了单缸 OP2S 原理样机的性能。该原理样机缸径为 98.4mm、冲程为 215.9mm、压缩比为 17.4、排量为 1.64L。研究结果表明，OP2S 燃烧放热速率远高于传统柴油机。

1.5　本书的主要研究内容

OP2S 采用二冲程柴油机工作原理，进、排气口叠开期长，扫气期间不可避免地出现新鲜充量通过排气口排出气缸导致新鲜充量的损失。换气过程中进、排气同时进行，容易导致换气不充分，换气结束后缸内残余废气系数较大。二冲程柴油机换气品质对发动机功率输出有着重要的影响，因为每循环喷入气缸并有效燃烧的燃油质量取决于换气过程中实际留在气缸内的新鲜充量的质量。同时，换气品质对发动机机械损失也有直接的影响，因为换气过程中新鲜充量的损失客观上导致了扫气泵耗功的损失。换气过程还是缸内初始流动形成的过程，在客观上也影响了缸内气流运动规律，进而影响发动机混合气形成及燃烧过程。OP2S 采用"气口—气口"式直流扫气系统，气口高度、位置不仅决定了换气正时，同时也影响了发动机有效压缩比和膨胀比，活塞运动规律同样对换气正时和热功转换过程有着决定性的影响。霍夫鲍尔[14]考虑到换气过程与缸内循环热力过程的耦合关系，认为 OP2S 气口高度对发动机工作过程中有着直接的影响，因此在对气口高度的优化过程中以发动机速度特性作为优化目标。同时，OP2S 工作过程又是一个多学科耦合的过程，其活塞运动的动力学特性和发动机热力过程对缸内气流运动都有强烈的影响，而发动机缸内气流运动通过影响燃烧放热过程又反作用于缸内热力过程。目前对换气过程的研究已经开展，但是研究大多局限于换气过程的本身，以提高发动机扫气效率为目标。所研究的参数主要为气口高度，且多为单参数影响规律分析，对换气系统参数间的交互作用研究较少。现有研究忽略了换气与缸内过程的耦合关系及换气系统参数间的相互影响，针对 OP2S 多学科耦合关系的研究尚未开展。更全面的多学科耦合关系研究、换气系统参数影响规律研究及优化方法研究有待进一步深入开展。

与传统柴油机的活塞单向压缩不同，OP2S 两个活塞同时向气缸中心压缩空气，在气缸容积最小点附近两个活塞运动方向相同；OP2S 燃烧室由两个活塞顶面组合而成，活塞在设计过程中充分考虑了换气过程中的气流导向作用，燃烧室没有喉口结构，在压缩终点附近很难形成传统柴油机的压缩挤流和膨胀逆挤流，因此缸内气流运动有别于传统发动机。OP2S 燃油由气缸圆周方向喷入气缸，油束在缸内涡流的作用下容易被吹偏，燃油难以到达气缸中心区域，导致缸内空气利用率的降低。由此可见，OP2S 缸内气流运动及燃烧系统都与传统柴油机有着本质的不同，其燃烧过程也必然与传统柴油机不同。但是，对其缸内气流运动规律的研究还处于初步阶段，因此有必要开展 OP2S 缸内气流运动规律的研究。

OP2S 的研究对于科学探索而言具有重大意义。其研究的科学意义可从工程角度和科学角度来阐述。从工程角度而言，OP2S 所包含的内燃机技术、控制技术均是现代发动机研究过程中的热点技术。从科学研究角度而言，OP2S 相对简单的结构和独特的油、气、室匹配形式又为燃烧、热力学/动力学耦合机制等前沿领域提供了一个新的平台。针对 OP2S 的研究尚存在一些没有探索清楚的问题，如多学科耦合问题、换气过程关键结构参数交互影响规律及优化方法，缸内气流运动规律及燃烧特性等。

笔者所在的课题组是国内率先开展 OP2S 研究的课题组之一，课题组其他成员对 OP2S 开展了一系列的基础研究。本书的研究工作致力于在课题组现有研究成果的基础上，通过仿真结合试验的方法，研究 OP2S 工作过程。本书以 OP2S 为研究对象，主要研究内容包括六个方面：OP2S 多学科耦合关系及耦合仿真模型体系的建立；换气过程关键结构参数优化研究；OP2S 柴油机的换气过程实验研究；缸内气流运动规律研究；OP2S 换气模型预测与换气品质影响研究；OP2S 增压匹配研究。研究工作采用试验结合仿真的研究方法，本书的具体内容如下：

第一，OP2S 多学科耦合关系及耦合仿真模型体系的建立。根据 OP2S 结构及工作过程的特点，分析 OP2S 工作过程中的多学科耦合关系，明确耦合点。采用向量分析法，并利用 Matlab 建立 OP2S 的动力学；采用等效容积法，并利用 GT – Power 建立 OP2S 工作过程热力学模型；利用 AVL – Fire 建立 OP2S 工作过程计算流体力学模型，在此基础上形成耦合仿真模型体系，为 OP2S 工作过程的研究提供研究基础。

第二，OP2S 换气过程及换气过程关键结构参数优化研究。从发动机热力过程出发，分析了 OP2S 换气过程的特点并与传统二冲程柴油机换气过程进行对比。针对 OP2S 换气系统参数多、交互作用强的特点，同时兼顾换气过程与缸内过程的耦合关系，分析 OP2S 换气过程的评价指标；通过仿真结果分析 OP2S 换气过程关键结构参数变化对发动机工作过程的影响；采用正交优化的方法优化设计 OP2S 换气过程关键结构参数，分析影响各个指标的显著因子，最终得到 OP2S 换气过程关键结构参数最优组合。

第三，OP2S 缸内换气过程实验研究。包括"示踪气体法"实验研究和耗气特性实验研究。研究运转工况对发动机换气品质的影响规律，在耗气特性理论分析基础上，分析不同的进排气状态参数对耗气特性曲线的影响，为 OP2S 柴油机增压匹配仿真模型的校核提供实验数据。

第四，OP2S 缸内气流运动规律 CFD 仿真研究。采用 CFD 数值模拟分析的方法分析换气、压缩及膨胀过程中缸内流场分布、涡流、挤流和湍动能的变化特点，并与传统曲柄连杆式柴油机对比，获得 OP2S 缸内气流运动的特点。探索 OP2S 中斜轴涡流的形成机理，并研究不同进气口倾角对换气过程、缸内气流运动的影响。

第五，OP2S 换气模型预测与换气品质研究。在 OP2S 柴油机工作过程分析的基础上，采用 GT – Power 软件建立 OP2S 柴油机的工作过程热力学仿真模型，结合换气过程和整机工作过程的实验结果，对仿真模型中的扫气模型、进排气模型和燃烧模型等进行校核验证。最后，采用校核后的仿真模型对带有扫气泵的 OP2S 柴油机的换气过程及缸内工作过程进行仿真研究。

第六，OP2S 增压匹配研究。对 OP2S 柴油机废气能量及其利用进行分析，对不同机械—涡轮复合增压方案进行对比分析，以经济性为优化目标、兼顾可行性，确定最佳的增压系统方案——机械—涡轮复合增压方案在全工况下开展复合增压方案的切换规律研究，在兼顾换气品质的同时，以燃油经济性为优化目标，获得最佳的切换规律。

第 2 章

OP2S 基本结构与工作过程

OP2S 的工作过程是一个多学科耦合的复杂过程，其活塞运动规律、喷油器布置方式以及燃烧室结构都是区别于传统发动机最显著的特点，而且对于缸内气流运动，混合气的形成及燃烧过程也有着极其重要的影响。因此，描述 OP2S 各学科间耦合关系，建立耦合仿真模型体系，是研究 OP2S 工作过程的基础。本章针对 OP2S 工作过程的特点，分析 OP2S 多学科参数耦合关系，在此基础上建立 OP2S 耦合仿真模型体系，为原理样机的优化设计和优化控制提供理论依据。

2.1 对置活塞二冲程柴油机总体结构与工作原理

2.1.1 对置活塞二冲程柴油机总体结构

本书所研究的对象为折叠曲柄式 OP2S，其原理样机结构如图 2.1 所示。发动机的气缸水平放置，每个气缸内布置耐磨的气缸套，气缸套的中间布置有喷油器。在气缸套两侧开有气口，一侧为进气口，另一侧为排气口。进气口用于向气缸内输送新鲜空气，排气口用于将废气经排气总管排出。

每个气缸内布置有两个相对运动的活塞，取消了传统柴油机的气缸盖结构。摇臂通过摇臂轴布置于气缸的两端，摇臂的上端通过上连杆与气缸内的活塞连接，摇臂的下端通过下连杆与位于气缸体正下方的曲轴相连。曲轴转动带动下连杆运动并驱动摇臂往复摆动，活塞通过上连杆在摇臂的驱动下在气缸内做往复运动，两个活塞顶面与气缸套包络形成燃烧室。

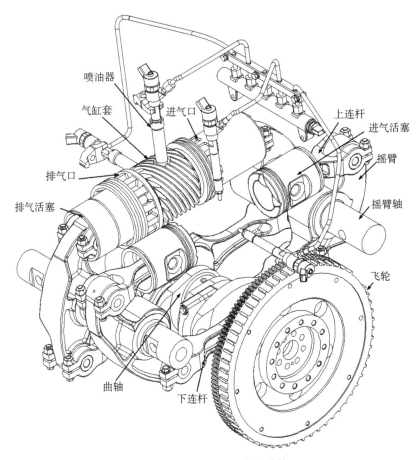

图 2.1　OP2S 原理样机结构

气口的开启和关闭通过活塞位置来控制，当活塞盖过气口上沿时气口关闭，反之则气口开启。气口高度和活塞运动规律共同决定了 OP2S 的配气相位，通过改变曲轴上驱动同一气缸内进、排气活塞的曲拐的角度，结合不同的进、排气口高度实现非对称扫气，可以有效地提高发动机扫气效率。

由于取消了缸盖结构，OP2S 的喷油器布置在气缸缸套上。为保证燃油在较短的时间内喷入气缸，每个气缸布置有两个喷油器；通过高压共轨燃油供给系统为发动机提供较高的喷油压力，喷油器在电子控制器的控制下根据发动机循环定时、定量将高压燃油喷入气缸，该发动机采用气缸侧面呈 90 度布置的两个喷油器，结合缸套上进气口的角度形成的缸内气流特点，采用多孔喷油器结构进行燃油喷射。

2.1.2　对置活塞二冲程柴油机工作原理

OP2S 活塞运动的原理如图 2.2 所示。从发动机自由端看，曲轴 1 逆时针旋转。当发动机处在压缩行程时，曲柄 2 在曲轴 1 的驱动下通过左右两个下连杆 3 推动摇臂 4 下端使其绕摇臂轴 5 转动。摇臂 4 的下端通过下连杆销 6 与下连杆 3 相连，摇臂 4 的上端通过上连杆销 7 与上连杆 8 相连，通过驱动上连杆推动活塞向气缸容积最小点运动。当发动机处于膨胀行程时，缸内燃气推动活塞向气缸容积最大点运动，活塞通过上连杆推动摇臂上端，使摇臂绕摇臂轴转动，摇臂下端通过下连杆驱动曲轴转动。膨胀行程摇臂轴的转动方向与压缩行程中摇臂轴的转动方向相反，因此摇臂在发动机工作过程中做往复摆动，曲轴做旋转运动。OP2S 在工作过程中，讲、排气活塞运动并不完全对称，其活塞运动规律可称为"非对称活塞运动规律"。这种运动规律对发动机工作过程有着直接的影响。

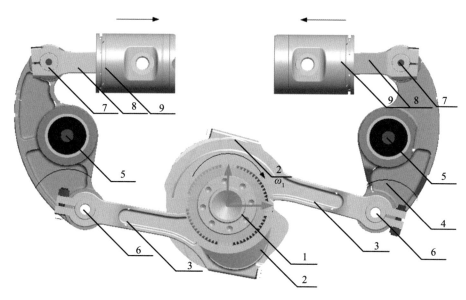

图 2.2　OP2S 工作原理图

注：1. 曲轴；2. 曲柄；3. 下连杆；4. 摇臂；5. 摇臂轴；6. 下连杆销；7. 上连杆销；8. 上连杆；9. 活塞。

OP2S 的工作过程可分为换气过程和缸内过程两个部分。换气过程完成缸内气体的充量更换；缸内过程包括压缩、喷油、混合及燃烧等过程。

2.1.2.1　对置活塞二冲程柴油机的换气过程原理

OP2S 采用非对称扫气，其原理如图 2.3 所示。在膨胀过程中的 a 点，排气口被打开如图 2.4 所示。缸内气体在残余废气压力的作用下，从气缸内通过排气口以很高的速度排出缸外，此时气体流动为超音速流动，自由排气开始。随着曲轴转角的变化，缸内气体压力不断降低，在排气口开启后一段时间的 c 点进气口被打开，此时缸内压力略高于扫气压力，但是由于进气口开启面积较小而排气口开启面积较大，因此进气口处的气体回流量很小，当缸内压力小于扫气压力时，经过扫气泵预先压缩的空气在压差的作用下进入气缸内将废气挤出气缸，废气被挤出气缸且新鲜充量进入气缸的过程叫作"扫气过程"，如图 2.5 所示。当活塞到达气缸容积最大位置时，气缸容积达到最大值，这时进、排气口被完全打开。当压缩行程开始时进、排气口同时处于打开状态，扫气过程仍在继续，随着活塞向气缸容积最小位置运动，排气口首先关闭，此时进气口

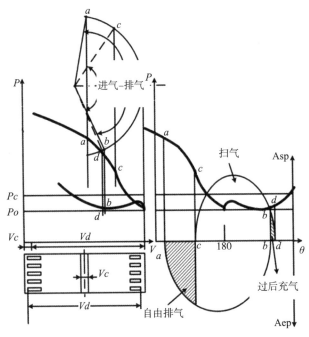

图 2.3　OP2S 换气过程示意图

还未关闭，进气气流在惯性的作用下继续进入气缸内直到进气活塞将进气口关闭，换气过程结束。

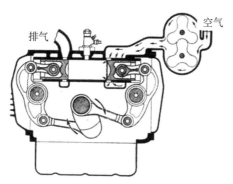

图 2.4　换气过程：排气口开启时刻

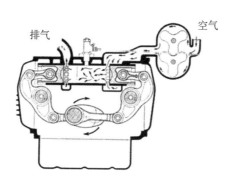

图 2.5　换气过程：扫气

从配气相位可以看出，OP2S 的换气过程可分成三个阶段：从排气口开启到进气口开启称为"自由排气阶段"，缸内 70% 的废气是在自由排气阶段内流出气缸；从进气口开启到排气口关闭称为"扫气阶段"；从排气口关闭到进气口关闭称为"过后充气阶段"，过后充气可充分利用气流惯性提高发动机扫气效率。

OP2S 中，通过设置曲轴上同一气缸对应的两个曲拐成一定角度，如图 2.6 所示，使得进、排气活塞在气缸中的运动不完全对称，排气活塞在运动过程中始终提前 2γ 相位；配合较高的排气口高度与较低的进气口高度可以实现"非对称扫气"。

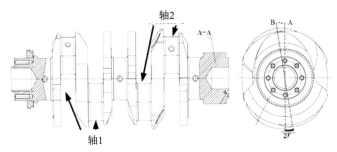

图2.6　曲拐夹角示意

2.1.2.2　对置活塞二冲程柴油机的缸内过程原理

OP2S 的缸内过程分为压缩过程和膨胀过程。压缩过程是指从活塞运动到关闭进、排气口位置开始（如图2.7所示），到活塞运动到气缸容积最小点结束（如图2.8所示）的过程。活塞关闭进、排气口后继续向容积最小点方向运动，压缩封闭在气缸内的新鲜空气，使得缸内的新鲜空气的温度、压力升高到足以让喷入气缸的燃料自动着火的状态。

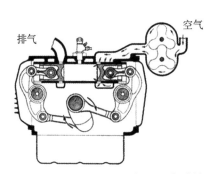

图2.7　换气过程：进气口开启时刻

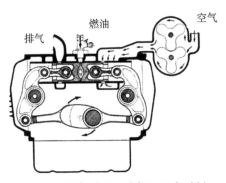

图2.8　换气过程：排气口开启时刻

在压缩终了时，由于曲拐偏移角的存在使得进、排气活塞在气缸容积最小点附近运动方向相同，运动速度大小近似相等，因此燃烧室容积变化较小，有利于提高 OP2S 的等容度。同时活塞运动的相位差也导致了进、排气活塞的输出功率不等。在压缩接近终了时，气缸容积最小点前某一时刻将高压燃油通过喷油器喷入气缸，高压燃油进入气缸后，在缸内高温、高压空气的环境内雾化、蒸发，随着压缩的进一步完成，一部分燃油自行着火开始燃烧。

膨胀过程的特点是燃料燃烧产生的高温、高压气体推动活塞向气缸容积最大点运动，气缸容积增大，在膨胀行程初期，气缸内燃料燃烧过程仍在进行，将燃油的化学能转变成热能。随着燃烧的进行，放热过程一直持续到燃烧结束，使得气缸内气体温度和压力升高，推动活塞向气缸容积最大点运动，此后由于燃烧逐渐减弱和气缸容积迅速增大，使缸内压力下降，膨胀过程中燃气的热能转变为机械功。

OP2S 燃烧室及喷油器位置如图 2.9 所示。考虑到扫气过程中气流导向作用，进、排气活塞结构上有所不同，其中进气活塞为球面形，排气活塞为浅凹坑形。喷油器布置在气缸套上，燃油从气缸圆周方向喷入气缸。气缸容积最小时对应的时刻称为内容积止点（与传统发动机上止点相对应），气缸容积最大时对应的时刻称为外容积止点（与传统发动机下止点对应）。

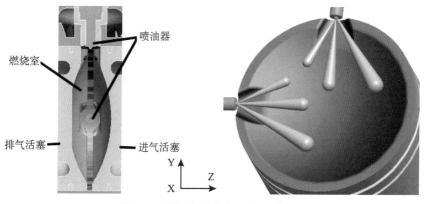

图 2.9　OP2S 燃烧室及喷油器位置

2.2　对置活塞二冲程柴油机多学科耦合分析

OP2S 曲轴每转一转发动机工作一个循环的特点决定了其工作过程中的换气、流动、混合过程存在强烈的耦合关系。以下将详细分析 OP2S 工作过程中多学科间的耦合关系，提取关键耦合点。为耦合仿真模型的建立提供理论依据。

2.2.1　换气过程与缸内过程的耦合分析

OP2S 换气过程、缸内气流运动过程、混合气形成及燃烧过程耦合关系如图 2.10 所示。换气过程同时也是缸内初始涡流、滚流形成的过程。换气过程与缸内流动过程的耦合表现在：换气过程影响了缸内初始气流流场分布及气流运动规律，同时缸内气流流场分布及气流运动规律通过燃烧放热过程影响换气初始时刻缸内气体状态，从而反作用于换气过程。缸内流动过程与混合燃烧过程的耦合表现在：缸内流动过程影响混合过程中的湍流强度和湍动能分布进而影响燃烧过程，同时混合及燃烧过程也影响了缸内湍流强度及湍动能分布。由此可见，换气过程与缸内气流运动过程相互作用，相互影响，耦合点为缸内气流运动过程，耦合参数为气流运动速度和湍动能；同时缸内气流运动过程与混合气形成及燃烧过程相互作用，相互影响，耦合点为湍流运动，耦合参数为湍动能。从换气过程与缸内过程耦合角度分析，缸内气流运动过程是换气过程与缸内过程的耦合点。

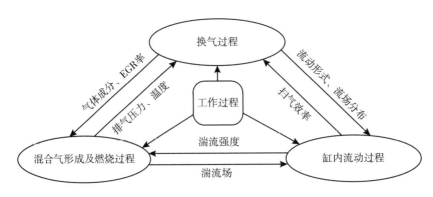

图 2.10　OP2S 工作过程耦合关系

2.2.2　动力学、热力学与流体力学耦合关系分析

发动机活塞运动与缸内热力过程是一个紧密结合的过程，OP2S 也不例外。活塞位移决定了气缸的工作容积 V 随曲轴转角的变化规律，活塞运动速度决定了气缸容积变化率随曲轴转角的变化规律。气体理想状态方程微分形式可表示为：

$$p \frac{\mathrm{d}V}{\mathrm{d}\varphi} + V \frac{\mathrm{d}p}{\mathrm{d}\varphi} = mR \frac{\mathrm{d}T}{\mathrm{d}\varphi} \tag{2.1}$$

由式（2.1）可知，气缸容积及容积变化率对缸内压力、温度都有着直接的影响。

在多学科耦合关系分析时首先将动力学与热力学视为一个整体，发动机动力学与热力学相互作用决定工质瞬时的压力及温度。温度、压力不断变化影响缸内气流运动速度等流体力学特征参数，同时缸内气流运动速度反过来又影响压力和温度。缸内压力、温度及气流运动速度都是动力学、热力学及流体力学的耦合点。

综上所述，OP2S 工作过程中动力学、热力学及流体力学存在强烈的耦合关系。这种耦合关系贯穿在发动机工作中的每一个子过程。图 2.11 所示为 OP2S 多学科耦合关系示意图，活塞位移是影响换气正时的决定因素之一，排气初始时刻缸内压力、温度对换气过程中缸内气流运动速度、流场及换气品质都有着决定性的影响。另外，换气正时与活塞运动速度、加速度共同决定缸内气流的运动速度；换气正时变化也影响了发动机的换气品质及有效压缩比、膨胀比。缸内气流运动对湍流动能、混合气形成速率起决定性的作用，在此基础上结合换气品质（EGR 率）、有效压缩比等因素共同影响了缸内燃烧放热规律，气体压力、温度、气流运动；缸内压力、温度及流场分布通过影响换气开始时刻缸内状态又对换气过程缸内气流运动及换气品质起决定性作用。

综上所述，OP2S 中活塞动力学、缸内热力学及流体力学间存在十分强烈的耦合关系。因此在 OP2S 工作过程仿真计算过程中有必要建立合理的仿真模型体系，充分考虑活塞动力学、缸内热力学及流体力学间的耦合关系。

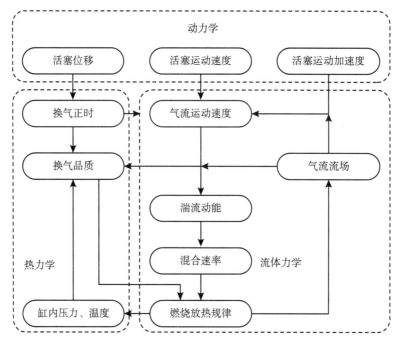

图 2.11　OP2S 多学科耦合关系

2.3　对置活塞二冲程柴油机耦合仿真模型的建立

OP2S 换气过程与缸内过程存在强烈的耦合关系，同时活塞运动学、热力学及流体力学间也存在强烈的耦合关系。而活塞动力学变化是影响缸内热力学及流体力学的根本因素。本节依据多学科耦合关系建立多学科仿真模型体系，确定各个子模型之间的相互关系，在此基础上分别建立了 OP2S 的运动学/动力学、热力学和计算流体力学仿真模型。

2.3.1　耦合仿真体系的建立

基于以上对 OP2S 工作过程分析而建立的多学科耦合仿真体系如图 2.12 所示。耦合仿真体系由计算 OP2S 活塞运动规律的运动学/动力学模型、计算热力循环的一维热力模型和计算工作过程的 CFD 仿真模型组成。各个模型只在相互影响度层面耦合，实际计算过程中模型间的数据并未实时交互。

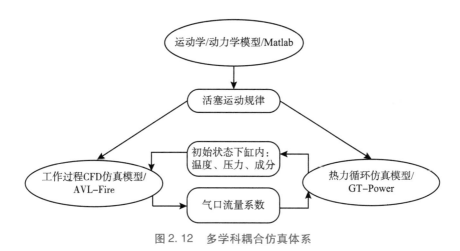

图 2.12　多学科耦合仿真体系

运动学模型计算得到活塞位移作为 CFD 模型和一维热力学模型的输入；热力循环模型为 CFD 模型提供温度、压力等边界条件；CFD 模型为一维模型提供流量系数等参数。其中热力循环模型与 CFD 模型的计算结果也可以相互验证。CFD 模型是整个耦合仿真体系的核心，区别前人对工作过程研究过程中采取分开建模、忽略工作过程中多参数之间的耦合关系的缺点，本书将针对 OP2S 循环工作过程建立 CFD 模型，计算范围从前一循环排气口开启时刻到下一个循环排气口开启时刻。后文将针对各个子模型分别展开讨论。

2.3.2　运动学、动力学模型的建立

活塞运动规律是分析 OP2S 热力学、流体力学的基础。为了方便分析，建立如图 2.13 所示的坐标系 xoy，其中坐标原点为曲轴中心，x 轴平行于气缸轴线，y 轴垂直于气缸轴线。通过分析进、排气活塞顶面中心点 E 与 E' 横坐标随曲轴转角变化的规律得到活塞位移随曲轴转角的变化规律。

在描述 OP2S 活塞运动规律时，采用如下假设：

（1）假设运动件为刚体，忽略发动机各个运动件在工作过程中的受力变形[48]；

（2）假设发动机运动件惯量足够大，曲轴旋转过程中角加速度为 0，转速恒定不变，无转速波动，其角速度为 $\pi n/30$[32]。

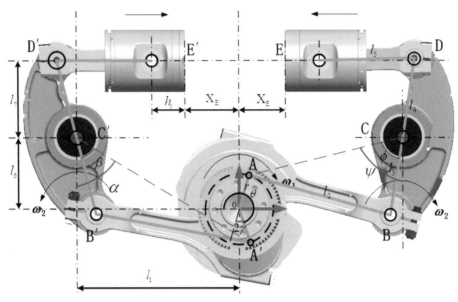

图 2.13　OP2S 活塞运动机构

　　为了研究活塞运动规律，将 OP2S 活塞运动系统参数化，如表 2.1 所示。实际发动机中曲轴中心与摇臂中心的水平方向距离 l_1 与下连杆长度 l_2 相等；下连杆小头中心到摇臂中心距离 l_3 与摇臂中心到上连杆大头中心距离 l_4 大小相等。

表 2.1　　　　　　　　　　　　活塞运动机构参数及物理意义

参数名称及单位	参数物理意义	参数名称及单位	参数物理意义
θ（°）	曲轴转角	l_1（mm）	曲轴中心与摇臂中心的水平方向距离
r（mm）	曲轴回转半径	l_2（mm）	下连杆长度
γ（°）	曲拐偏移角	l_3（mm）	下连杆小头中心到摇臂中心距离
h_c（mm）	活塞压缩高度（活塞销中心到活塞顶面的距离）	l_4（mm）	摇臂中心到上连杆大头中心距离
ω_1（rad/s）	曲轴角速度	l_5（mm）	上连杆长度
ω_2（rad/s）	左侧摇臂角速度	l_6（mm）	曲轴中心与摇臂中心的竖直方向距离
ω_3（rad/s）	右侧摇臂角速度	l_7（mm）	气缸中心线与摇臂中心竖直方向距离

　　左侧下连杆中心 A' 点的坐标可表示为：（ $-r\cos\theta$， $r\sin\theta$）；

$A'C'$ 与 y 轴的夹角 α：

$$\alpha = \arctan \frac{l_1 - r\cos\theta}{l_6 - r\sin\theta} \tag{2.2}$$

$A'C'$ 长度可表示为：

$$l_{A'C'} = \sqrt{(l_6 - r\sin\theta)^2 + (l_1 - r\cos\theta)^2} \tag{2.3}$$

解 $\triangle A'B'C'$ 可得 $A'C'$ 与摇臂夹角 β 可表示为：

$$\beta = \arccos \frac{(l_6 - r\sin\theta)^2 + (l_1 - r\cos\theta)^2 + l_3^2 - l_2^2}{2l_3 \sqrt{(l_6 - r\sin\theta)^2 + (l_1 - r\cos\theta)^2}} \tag{2.4}$$

摇臂 $B'D'$ 与 y 轴夹角可表示为 $\alpha - \beta$。

D' 点的坐标可表示为：

$$(-l_4\sin(\alpha - \beta) - l_1, \ l_6 + - l_4\cos(\alpha - \beta))$$

由此 E' 坐标可表示为：

$$(\sqrt{l_5^2 - (l_7 - l_4\cos(\alpha - \beta))^2} + h_c - l_4\sin(\alpha - \beta) - l_1, \ l_6 + l_7)$$

因此活塞位移：

$$X_{E'} = \sqrt{l_5^2 - (l_7 - l_4\cos(\alpha - \beta))^2} + h_c - l_4\sin(\alpha - \beta) - l_1 \tag{2.5}$$

通过发动机转速 n 将曲轴转角与时间关联起来：

$$\mathrm{d}\varphi = \frac{1}{60n}\mathrm{d}t \tag{2.6}$$

活塞运动速度：

$$v_{E'} = \frac{\mathrm{d}X_{E'}}{\mathrm{d}t} \tag{2.7}$$

活塞运动加速度：

$$a_{E'} = \frac{\mathrm{d}^2 X_{E'}}{\mathrm{d}t^2} \tag{2.8}$$

A 点的坐标可表示为：

$$(-r\cos(\theta + \pi + 2\gamma), \ r\sin(\theta + \pi + 2\gamma))$$

AC 与 y 轴的夹角 ψ 可表示为：

$$\psi = \arctan \frac{l_1 - r\cos(\theta + \pi + 2\gamma)}{l_6 - r\sin(\theta + \pi + 2\gamma)} \tag{2.9}$$

AC 长度可表示为：

$$l_{ac} = \sqrt{(l_6 - r\sin(\theta + \pi + 2\gamma))^2 + (l_1 - r\cos(\theta + \pi + 2\gamma))^2} \tag{2.10}$$

解 $\triangle ABC$ 可得：

$$\phi = \arccos \frac{(l_6 - r\sin(\theta + \pi + 2\gamma))^2 + (l_1 - r\cos(\theta + \pi + 2\gamma))^2 + l_3^2 - l_2^2}{2l_3\sqrt{(l_6 - r\sin(\theta + \pi + 2\gamma))^2 + (l_1 - r\cos(\theta + \pi + 2\gamma))^2}}$$

（2.11）

D 点的坐标可表示为：

$$\left(l_1 + l_4\sin(\psi - \phi) - h_c - \sqrt{l_5^2 - (l_7 - l_4\cos(\varphi - \phi))^2}, \ l_6 + l_7\right)$$

同理可得活塞位移为：

$$X_E = l_1 + l_4\sin(\varphi - \phi) - h_c - \sqrt{l_5^2 - (l_7 - l_4\cos(\varphi - \phi))^2} \qquad (2.12)$$

活塞运动速度：

$$v_E = \frac{\mathrm{d}X_E}{\mathrm{d}t} \qquad (2.13)$$

活塞运动加速度：

$$a_E = \frac{\mathrm{d}^2 X_E}{\mathrm{d}t^2} \qquad (2.14)$$

基于以上数学模型建立 OP2S 活塞动力学仿真模型如图 2.14 所示。

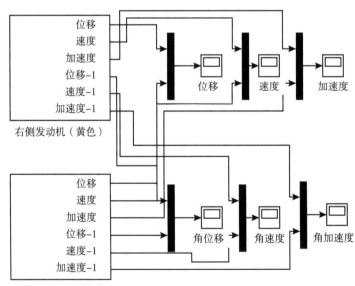

图 2.14　OP2S 活塞动力学模型

2.3.3　循环热力学模型的建立

循环热力学模型是分析发动机循环热力过程的基础，OP2S 热力过程与传统柴油机并无本质区别。在描述缸内热力过程时，采用如下简化假设[32,49,50]：

（1）不考虑缸内压力、温度的差异性，假设缸内气体状态是均匀的；

（2）工质的比热容为定值不随温度、压力的变化而变化，因此缸内气体的比内能、比焓等热力学参数只与气体成分及温度有关；

（3）忽略进、排气系统压力和温度的波动对进、排气过程的影响，假设气体流动过程为稳定流动，同时忽略气体流进、流出气缸自身包含的动能；

（4）不考虑发动机气缸的漏气效应。

OP2S 缸内热力过程如图 2.15 所示。p、V、T 分别为缸内气体的压力、体积及温度。Q 是缸内气体与外界的热量交换，m 是气体质量，u 是比内能，h 是比焓。下标 s 表示通过进气口进入气缸的气体，下标 e 表示通过排气口流出气缸的气体，下标 t 表示燃料燃烧对气体的放热项，下标 w 表示气体通过传热与外界的热量交换。

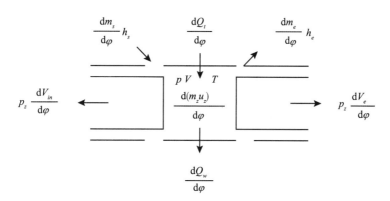

图 2.15　OP2S 热力过程示意

为了描述气缸内工质状态变化，取缸套壁面以及进、排气活塞上顶面所围成的容积作为控制容积。系统内工质状态由压力、温度、质量这三个基本参数确定，并以能量守恒方程、质量守恒方程及理想气体状态方程把整个工作过程联系起来[51,52]。

根据热力学第一定律能量守恒方程:

$$\mathrm{d}U = \mathrm{d}W + \sum_i \mathrm{d}Q_i + \sum_j h_j \cdot \mathrm{d}m_j \qquad (2.15)$$

式中,U 为缸内工质热力学能(J),W 为气体对活塞所做机械功(J);Q_i 为缸内气体与外界的热交换量(J);h_j 为质量 $\mathrm{d}m_j$ 带入(或带出)系统的能量(J);$j = 1$、2、3 表示发动机中不同的气缸。

作用在活塞上的机械功可表示为:

$$\frac{\mathrm{d}W}{\mathrm{d}\varphi} = -p \cdot \frac{\mathrm{d}V}{\mathrm{d}\varphi} \qquad (2.16)$$

式中,V 为气缸工作容积(m^3),p 为缸内气体压力(Pa),φ 为曲轴转角。

气体与外界交换的热量可以按下式计算:

$$\sum_j \frac{\mathrm{d}Q_j}{\mathrm{d}\varphi} = \frac{\mathrm{d}Q_B}{\mathrm{d}\varphi} + \frac{\mathrm{d}Q_w}{\mathrm{d}\varphi} \qquad (2.17)$$

式中,Q_B 为燃料燃烧放热量(J),Q_w 为缸内燃气与外界传热量(J)。

气缸内的比内能 u 和质量 m 同时发生变化,故有:

$$\frac{\mathrm{d}U}{\mathrm{d}\varphi} = \frac{\mathrm{d}(m \cdot u)}{\mathrm{d}\varphi} = u \cdot \frac{\mathrm{d}m}{\mathrm{d}\varphi} + m \frac{\mathrm{d}u}{\mathrm{d}\varphi} \qquad (2.18)$$

对于柴油机,内能 u 可以简化为温度 T 和广义过量空气系数 α_ϕ 的函数,即 $u = u(T, \alpha_\phi)$。将 u 写成全微分形式:

$$\frac{\mathrm{d}u}{\mathrm{d}\varphi} = \frac{\partial u}{\partial T} \cdot \frac{\mathrm{d}T}{\mathrm{d}\varphi} + \frac{\partial u}{\partial \alpha_\phi} \cdot \frac{\mathrm{d}\alpha_\phi}{\mathrm{d}\varphi} \qquad (2.19)$$

令:$\dfrac{\partial u}{\partial T} = c_v$。

由式(2.15)~式(2.19)可得到温度 T 对曲轴转角的微分方程为:

$$\frac{\mathrm{d}T}{\mathrm{d}\varphi} = \frac{1}{m \cdot c_v}\left(\frac{\mathrm{d}Q_B}{\mathrm{d}\varphi} + \frac{\mathrm{d}Q_v}{\mathrm{d}\varphi} - p \cdot \frac{\mathrm{d}V}{\mathrm{d}\varphi} + \sum_j h_j \cdot \mathrm{d}m_j - u \frac{\mathrm{d}n}{\mathrm{d}\varphi} - m \frac{\partial u}{\partial \alpha_\phi} \cdot \frac{\mathrm{d}\alpha_\phi}{\mathrm{d}\varphi} \right)$$

$$(2.20)$$

气缸工作容积可表示为:

$$V = \frac{\pi D^2}{4} \cdot (X_E - X_{E'}) + V_C \qquad (2.21)$$

式中,D 为发动机气缸直径(m),V_C 为发动机气缸最小容积(m^3),$X_{E'}$ 和 X_E 分别由式(2.12)和式(2.5)计算得到。

理想气体状态方程可表示为:

$$pV = mRT \qquad (2.22)$$

式中，m 为气体质量（kg），R 为气体常数（J/kg·K），T 为气体温度（K）。

对式（2.22）两边分别求导得到：

$$p \frac{\mathrm{d}V}{\mathrm{d}\varphi} + V \frac{\mathrm{d}p}{\mathrm{d}\varphi} = mR \frac{\mathrm{d}T}{\mathrm{d}\varphi} \qquad (2.23)$$

由式（2.20）和式（2.23）联立可得压力 p 对曲轴转角的微分方程为：

$$\frac{\mathrm{d}p}{\mathrm{d}\varphi} = \frac{\gamma - 1}{V} \left[\frac{\mathrm{d}Q_B}{\mathrm{d}\varphi} + \frac{\mathrm{d}Q_\omega}{\mathrm{d}\varphi} - \frac{p \cdot \gamma}{\gamma - 1} \cdot \frac{\mathrm{d}V}{\mathrm{d}\varphi} + \sum_j h_j \cdot \mathrm{d}m_j \right.$$
$$\left. + (m - 1) \cdot u \cdot \frac{\mathrm{d}m}{\mathrm{d}\varphi} - m \frac{\partial u}{\partial \alpha_\phi} \cdot \frac{\mathrm{d}\alpha_\phi}{\mathrm{d}\varphi} \right] \qquad (2.24)$$

本书在 GT - Power 的基础上建立 OP2S 一维热力学模型。由于物理模型中没有对置活塞的气缸组件，在建模过程中需要将 OP2S 气缸等效为一个单活塞柴油机的物理模型。等效的原则如下：

（1）发动机气缸容积随曲轴转角变化规律保持不变，发动机缸径、压缩比以及气口开启、关闭正时不变。

（2）传热面积随曲轴转角变化规律不变。OP2S 的结构特点决定其传热面积与传统柴油机不同，等效后的模型应保证传热面积不受影响。

由式（2.21）可知，OP2S 气缸容积变化规律由进、排气活塞运动规律共同决定。在建模过程中，考虑气缸容积变化率与活塞相对位移的关系，将活塞相对位移作为位移的输入。

2.3.3.1　燃烧放热过程分析

按照质量守恒定律，通过系统边界交换的质量总和等于系统内工质质量变化，即：

$$\mathrm{d}m = \sum_j \mathrm{d}m_j \qquad (2.25)$$

忽略气缸内气体的泄漏，通过系统边界交换的质量包括：流入气缸内新鲜充量的瞬时质量 m_s（kg）、流出气缸内的废气瞬时质量 m_e（kg）、喷入气缸内的燃料瞬时质量 m_b（kg）。

$$\frac{\mathrm{d}m}{\mathrm{d}\varphi} = \frac{\mathrm{d}m_s}{\mathrm{d}\varphi} + \frac{\mathrm{d}m_e}{\mathrm{d}\varphi} + \frac{\mathrm{d}m_b}{\mathrm{d}\varphi} \qquad (2.26)$$

若已知 OP2S 循环喷油量为 g_b（kg/cycle），气缸内燃烧百分数可表示为：

$$X = \frac{m_b}{g_b} \times 100\% \qquad (2.27)$$

由此质量守恒方程可表示为:

$$\frac{\mathrm{d}m_b}{\mathrm{d}\varphi} = g_b \cdot \frac{\mathrm{d}X}{\mathrm{d}\varphi} \cdot H_u \cdot \eta_u \qquad (2.28)$$

式中，H_u 为燃料低热值（kJ/kg），η_u 为燃烧效率。

通过计算原理样机试验测得缸内压力示功图，得到的 OP2S 缸内放热率曲线呈现明显的"双峰"形状。因此，可以采用双韦伯函数分别模拟 OP2S 缸内预混燃烧和扩散燃烧放热过程[53~61]。

韦伯燃烧模型中预混燃烧函数及放热规律为:

$$X_1 = \left\{ 1 - \exp\left[-6.908\left(\frac{t - t_p}{2\tau}\right)^{\sigma_p + 1} \right] \right\}(1 - Q_d) \qquad (2.29)$$

$$\frac{\mathrm{d}X_1}{\mathrm{d}t} = \left\{ (\sigma_p + 1) \times 6.908\left(\frac{1}{2\tau}\right)^{\sigma_p + 1} \cdot (t - t_p)^{\sigma_p} \cdot \right.$$
$$\left. \exp\left[-6.908\left(\frac{1}{2\tau}\right)^{\sigma_p + 1} \cdot (t - t_p)^{\sigma_p + 1} \right] \right\}(1 - Q_d) \qquad (2.30)$$

扩散燃烧函数及放热规律分别为:

$$X_2 = \left\{ 1 - \exp\left[-6.908\left(\frac{t - t_B - \tau}{t_{zd}}\right)^{\sigma_d + 1} \right] \right\} \cdot Q_d \qquad (2.31)$$

$$\frac{\mathrm{d}X_2}{\mathrm{d}t} = \left\{ (\sigma_d + 1) \times 6.908\left(\frac{1}{t_{zd}}\right)^{\sigma_d + 1} \cdot (t - t_p - \tau)^{\sigma_d} \cdot \right.$$
$$\left. \exp\left[-6.908\left(\frac{1}{t_{zd}}\right)^{\sigma_d + 1} \cdot (t - t_p - \tau)^{\sigma_d + 1} \right] \right\}Q_d \qquad (2.32)$$

式中，X_1 为预混燃烧百分比，τ 为预混合燃烧领先时间，t 为时间，Q_d 为扩散燃烧的燃料分数，下标 d 均表示扩散燃烧参数，p 表示预混合燃烧参数，t_{zd} 表示扩散燃烧持续期。σ 为韦伯因子，它是表征放热率分布的一个参数，σ 值的大小影响放热曲线的形状。σ 值较小，初期放热量多，压力升高率大，燃烧粗暴。反之，σ 值增大，初期放热量小，放热图形由左向右移动，压力升高率小，燃烧柔和。

总的燃烧规律为:

$$\frac{\mathrm{d}X}{\mathrm{d}\varphi} = \frac{\mathrm{d}X_1}{\mathrm{d}\varphi} + \frac{\mathrm{d}X_2}{\mathrm{d}\varphi} \qquad (2.33)$$

GT-Power 模型在计算过程中通过定燃烧百分比、燃烧持续期、韦伯因子等参数描述燃料燃烧放热过程。

2.3.3.2　传热过程分析

缸内气体与外界传热量：

$$\frac{\mathrm{d}Q_w}{\mathrm{d}\varphi} = \frac{1}{6n}\sum_{i=1}^{3} h_g A_i (T_{wi} - T) \tag{2.34}$$

式中，$i=1$，2，3 分别表示缸套、排气活塞、进气活塞，A_i 表示各传热面积，T_{wi} 为壁面温度。

本书在内燃机的传热计算中采用 Woschni 模型，Woschni 模型采用气缸直径 D 和活塞平均速度（m/s）作为 Re 数的特征量，整理得出传热系数（W/m²·K）公式如下：

$$h_g = 110 D^{-0.20} p_z^{0.80} T_u^{-0.53} \left[C_1 C_m + C_2 \frac{T_a V_s}{p_a V_a}(p_z - p_0) \right]^{0.8} \tag{2.35}$$

式中，D 为缸径，C_1 为速度系数，压缩膨胀过程中 $C_1 = 2.28 + 0.308a$，a 为发动机缸内涡流比；C_2 为燃烧室形状系数；C_m 为活塞平均速度（m/s）；p_z、T_z 为缸内压力、温度；p_a、T_a、V_a 为压缩始点的压力、温度、容积；V_s 为发动机工作容积；p_0 为发动机倒拖时的气缸压力。

2.3.3.3　进、排气过程分析

由 2.1.2 节介绍可知，OP2S 直流扫气过程可分为自由排气、扫气及过后充气阶段。在热力学模型建模过程中，换气过程气口的流动可视为一维气体等熵流。其中自由排气过程气口流动状态为超临界流动，通过气口气体流量可表示为：[52]

$$\frac{\mathrm{d}m_s}{\mathrm{d}\varphi} = \frac{C_v F_s}{6n}\sqrt{\frac{2gk}{(k-1)RT}} \cdot p_z \cdot \left(\frac{2}{p_z+1}\right)^{\frac{1}{k-1}} \tag{2.36}$$

扫气过程及过后充气过程可视为亚临界状态，通过气口气体流量可表示为：[52]

$$\frac{\mathrm{d}m_s}{\mathrm{d}\varphi} = \frac{C_v F_s}{6n}\sqrt{\frac{2gk}{k-1}} \cdot \frac{p_s}{\sqrt{RT}} \cdot \sqrt{\left(\frac{p_z}{p_s}\right)^{\frac{2}{k}} - \left(\frac{p_z}{p_s}\right)^{\frac{k+1}{k}}} \tag{2.37}$$

式中，C_v 为气口流量系数，n 为发动机转速（r/min），p_s 为入口压力（Pa），p_z 为出口压力（Pa）。对于排气口而言，p_s 为缸内压力（Pa），p_z 为排

气腔压力（Pa）；对于进气口而言，p_s 为进气压力（Pa），p_z 为缸内压力（Pa）。F_s 为气口面积随曲轴转角变化的函数，F_s 由活塞运动规律及进口高度共同决定，计算过程中将其作为模型的输入。

2.3.4 计算流体力学模型的建立

计算流体力学模型是详细分析内燃机工作过程的重要手段之一[62~64]。通过计算流体力学模型可以分析发动机工作过程中缸内的气流运动规律[65]、燃油喷射、混合气形成及燃烧过程[66]。本书在计算分析中使用的 CFD 软件是奥地利 AVL 公司开发的内燃机多维模拟分析软件 AVL_Fire。该软件采用有限体积法，主要应用于内燃机瞬态缸内流动过程、喷嘴内流动过程、喷雾过程、燃烧过程分析以及进排气系统优化设计和尾气后处理等，指导进气道结构、燃烧室形状和喷射参数优化以及排放物降低等。由于 AVL_Fire 软件有 AVL 公司强大的实验数据做支撑，其实用性强，被认证的算例多，且在内燃机流动仿真方面精度比较高，因此在业内得到广泛应用[67]。

2.3.4.1 连续性方程

CFD 计算是利用数值方法，通过计算机求解描述流体运动过程的数学方程，揭示流体运动的物理规律，研究定常流体运动的空间物理特征和非定常流动的时空物理特征。流体运动过程要受物理守恒定律的支配，通常用到的基本守恒定律包括质量守恒定律、动量守恒定律和能量守恒定律，控制方程是这些守恒定律的数学描述。下列方程中规定流体的速度矢量在 x，y，z 三个坐标上的分量分别为 u，v，w，压力为 p，密度为 ρ，它们都是空间坐标及时间的函数[68~70]。

任何气体流动过程都必须满足质量守恒定律。该定律可表述为：单位时间内流体微元体中质量的增加等于同一时间间隔内流入该微元体的净质量。据此，质量守恒方程可表述为：

$$\frac{\partial \rho}{\partial t} + \frac{\partial(\rho u)}{\partial x} + \frac{\partial(\rho v)}{\partial y} + \frac{\partial(\rho w)}{\partial z} = 0 \tag{2.38}$$

密度 ρ 可通过状态方程与气体压力、温度建立联系：

$$p = \rho RT \tag{2.39}$$

（1）能量守恒方程。能量守恒定律是包含有热交换的流动问题必须满足的基本定律，其实际上是热力学第一定律。该定律可表述为：微元体中能量的增加率等于进入微元体的净热流量加上体力与面力对微元体所做的功。据此，能量守恒方程可以表述为[68~70]：

$$\frac{\partial(\rho T)}{\partial t} + \frac{\partial(\rho uT)}{\partial x} + \frac{\partial(\rho vT)}{\partial y} + \frac{\partial(\rho wT)}{\partial z}$$

$$= \frac{\partial}{\partial x}\left(\frac{k}{c_p}\frac{\partial T}{\partial x}\right) + \frac{\partial}{\partial y}\left(\frac{k}{c_p}\frac{\partial T}{\partial y}\right) + \frac{\partial}{\partial z}\left(\frac{k}{c_p}\frac{\partial T}{\partial z}\right) + S_T \quad (2.40)$$

（2）动量守恒方程。动量守恒定律也是气体流动问题必须满足的基本定律，该定律实际上是牛顿第二定律。该定律可表述为：微元体中流体的动量对时间的变化率等于外界作用在该微元体上的各种力之和。据此，动量守恒方程（又称为 N–S 方程）可表述为[68~70]：

$$\frac{\partial(\rho u)}{\partial t} + \frac{\partial(\rho uu)}{\partial x} + \frac{\partial(\rho uv)}{\partial y} + \frac{\partial(\rho uw)}{\partial z}$$

$$= \frac{\partial}{\partial x}\left(\mu\frac{\partial u}{\partial x}\right) + \frac{\partial}{\partial y}\left(\mu\frac{\partial u}{\partial y}\right) + \frac{\partial}{\partial z}\left(\mu\frac{\partial u}{\partial z}\right) - \frac{\partial p}{\partial x} + S_u$$

$$\frac{\partial(\rho v)}{\partial t} + \frac{\partial(\rho vu)}{\partial x} + \frac{\partial(\rho vv)}{\partial y} + \frac{\partial(\rho vw)}{\partial z}$$

$$= \frac{\partial}{\partial x}\left(\mu\frac{\partial v}{\partial x}\right) + \frac{\partial}{\partial y}\left(\mu\frac{\partial v}{\partial y}\right) + \frac{\partial}{\partial z}\left(\mu\frac{\partial v}{\partial z}\right) - \frac{\partial p}{\partial y} + S_v$$

$$\frac{\partial(\rho w)}{\partial t} + \frac{\partial(\rho wu)}{\partial x} + \frac{\partial(\rho wv)}{\partial y} + \frac{\partial(\rho wv)}{\partial z}$$

$$= \frac{\partial}{\partial x}\left(\mu\frac{\partial w}{\partial x}\right) + \frac{\partial}{\partial y}\left(\mu\frac{\partial w}{\partial y}\right) + \frac{\partial}{\partial z}\left(\mu\frac{\partial w}{\partial z}\right) - \frac{\partial p}{\partial z} + S_w \quad (2.41)$$

式中，μ 为流体的动力黏度，S_u、S_v、S_w 为广义源项。

（3）湍流模型。在内燃机整个工作循环中，其缸内气体充量始终在进行复杂而又强烈瞬变的湍流运动。目前对内燃机内部湍流的模拟，主要有以下几种模型：混合长度（或称零方程）模型、单方程模型（湍动能的 k 方程模型）、双方程模型（$k-\varepsilon$ 模型）、四方程模型（$k-\varepsilon-f$）模型、雷诺应力模型、代数应力模型和非线性涡黏度模型等，本书采用具有实用性强、计算精度高、稳定性好且可信度高的 $k-\varepsilon$ 模型。这一模型需额外求解下述两个偏微分方程[68~70]：

湍动能 k 方程：

$$\frac{\partial(\rho k)}{\partial t} + div(\rho k U) = div\left[\left(\mu + \frac{\mu_t}{\sigma_k}\right)grad \cdot k\right] - \rho\varepsilon + \mu_t P_G \tag{2.42}$$

湍动能耗散率 ε 方程：

$$\frac{\partial(\rho\varepsilon)}{\partial t} + div(\rho\varepsilon U) = div\left[\left(\mu + \frac{\mu_t}{\sigma_\varepsilon}\right)grad \cdot \varepsilon\right] - \rho C_2 \frac{\varepsilon^2}{k} + \mu_t C_1 \frac{\varepsilon}{k} P_G \tag{2.43}$$

式中，$U = \vec{ui} + \vec{vj}$，σ_k、σ_ε、C_1、C_2 为经验常数。

μ_t 为湍流黏性系数，计算公式如下：

$$\mu_t = \rho C_\mu \frac{k^2}{\varepsilon} \tag{2.44}$$

式中，C_μ 为经验常数。

（4）喷雾模型。燃油喷入气缸后经历破碎、吸热、蒸发、混合过程后才开始燃烧，燃油喷雾过程对燃烧起决定作用。本书主要介绍燃油蒸发和破碎模型。

本书在仿真计算中采用 WAVE 破碎模型。在 WAVE 模型中，液滴半径变化可表示为：

$$\frac{\mathrm{d}r}{\mathrm{d}t} = -\frac{(r - r_{stable})}{\tau_a} \tag{2.45}$$

式中，r_{stable} 为产物液滴半径，与液体表面发展最快的表面波的波长 Λ 呈比例关系：

$$r_{stable} = C_1\Lambda \tag{2.46}$$

式中，C_1 为液滴半径修正系数，其大小决定破碎后液滴直径大小，τ_a 为破碎时间，其大小可表示为：

$$\tau_a = \frac{3.726 \cdot C_2 \cdot r}{\Lambda \cdot \Omega} \tag{2.47}$$

式中，常数 C_2 为特征破碎时间修正系数。而波长 Λ 和波增长率 Ω 取决于当地流动。

$$\Lambda = 9.02 \cdot r \cdot \frac{(1 + 0.45 \cdot Oh^{0.5})(1 + 0.4 \cdot T^{0.7})}{(1 + 0.87 \cdot We_g^{1.67})} \tag{2.48}$$

$$\Omega = \left(\frac{\rho_g r^3}{\sigma}\right)^{-0.5} \frac{0.34 + 0.38 \cdot We_g^{1.5}}{(1 + Oh)(1 + 1.4 \cdot T^{0.6})} \tag{2.49}$$

式中，Oh、We 取决于当地流动，且 $T = We^{0.5} \cdot Oh$。计算过程中将 C_1、C_2 作为 WAVE 模型的特征参数。

（5）燃烧模型。Fire 中常用的燃烧模型有涡破碎模型（eddy break up model）、湍流火焰速度模型（turbulent flame speed closure model）、相关火焰模型（coherent flame model）、概率密度函数模型（probability density function model）、特征时间尺度模型（charactristic timescale model）、稳态燃烧模型（steady combustion model）。本书在计算过程中采用涡破碎模型（EBU），其平均反应速率可写成[67]：

$$\overline{\rho \dot{r}_{fu}} = \frac{C_{fu}}{\tau_R} \overline{\rho} \min\left(\overline{y}_{fu}, \ \frac{\overline{y}_{Ox}}{S}, \ \frac{C_{pr} \overline{P_{pr}}}{1 + S} \right) \tag{2.50}$$

式中，C_{fu} 和 C_{pr} 均为经验常数，τ_R 为湍流混合时间尺度。括号里的前两项意指燃料或氧气的量在限制的范围内，第三项则确保火焰在没有热物质条件下不会传播。

计算设置中，C_{fu} 和 C_{pr} 分别对应涡破碎模型的控制参数 A 和 B。参数 A 主要影响湍流反应速率，参数 B 则对燃烧影响不敏感。

微分方程的数值解就是采用一组数字表示待定量在定义域内的分布，离散化方法就是对这些有限点的待求变量建立代数方程组的方法。根据实际的研究对象，可把定义域分为若干个有限的区域，在定义域内连续变化的待求变量场，由每个有限区域上的一个域或若干个点的待求变量值来表示，这就是离散化的最基本思想。由于待求变量在节点之间的分布假设及推导离散方程的方法不同，就形成了有限差分法、有限单元法、边界元法、有限体积法等不同类型的离散化方法。

2.3.4.2　CFD 网格划分

CFD 仿真的重要前提是对仿真对象几何形状的精确描述，本书在建立 CFD 仿真模型的过程中忽略了气缸与活塞之间的间隙，假设活塞与气缸完全密封。OP2S 换气过程对缸内气流运动、混合及燃烧过程有着决定性的影响，因此本书在 CFD 仿真计算时充分考虑 OP2S 多学科间耦合关系，将换气过程与缸内过程放在同一网格模型中计算。

网格划分采用 AVL – Fire Fame Engine 实现，网格质量对 CFD 计算速度及计算结果的精度影响很大，合理划分网格是 CFD 计算的前提条件。网格尺度及网格数量是影响计算结果的两个主要因素，网格尺度越小计算越精确，但是网格数量多，计算时间长，对计算机要求高，因此网格尺度与网格数需要权衡[71,72]。

牛有城[72]基于比安奇和佩洛尼（Bianchi and Pelloni）[73]的喷雾贯穿试验数据，研究了网格尺度对计算精度的影响，研究结果表明：当径向网格尺寸大小为喷孔直径的 5 倍时，前期喷雾贯穿距离与试验值吻合较好；当径向网格尺寸大小为喷孔直径的 3 倍时，后期喷雾贯穿距离与试验值吻合较好，轴向网格最优尺寸与喷孔直径关系较小。综合考虑选择径向网格尺寸为喷孔直径的 5 倍，轴向网格尺寸为 1.0mm。

基于以上分析，对 OP2S 仿真模型进行了网格适应性检查。网格适应性检查从气缸网格尺度变化和气口附近网格细化程度两个角度出发。研究表明，当气缸缸体网格数小于 402000 单元时，网格数的变化使缸内气体压力计算值出现明显的变化，当气缸缸体网格大于 450000 单元时，网格数的增加对缸内气体压力计算值影响较小，当气缸缸体网格大于 510000 单元时，网格数的增加对缸内气体压力的计算值没有影响。因此，缸体的网格数应保持在 510000 单元左右，对应的气缸最大网格尺度为 2mm，最小网格尺度为 0.5mm。

OP2S 进、排气口附近流动情况复杂，因此对气口附近的网格进行细化，如图 2.16 所示。气口细化程度对气口流量系数计算有着决定性的影响。研究表明，气口附近网格尺度小于 1mm，细化层数大于 6 时，网格尺度的减小及细化程度的增加对进、排气口气体质量流量计算结果几乎没有影响，为了降低网格总数减少计算时间，建模过程中气口细化程度为 1mm，细化层数为 6 层。

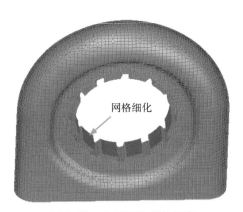

图 2.16　气口网格细化示意

为了避免当活塞压缩到气缸容积最小点附近时由于网格压缩，长宽比过大导致网格无法计算[67]，因此在 320℃A、340℃A、380℃A 和 400℃A 时对网格进行重构，如图 2.17 所示。建立发动机工作过程 CFD 仿真模型如图 2.18 所示。其中进气腔网格数为 63804 单元，排气腔网格数为 79083 单元，气缸网格数为 506723 单元，总网格数为 649610 单元。气缸容积最小点附近网格重构后，气缸最小网格数为 69702 单元。

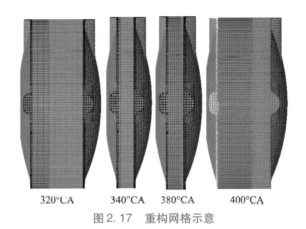

320°CA　　　340°CA　　　380°CA　　　400°CA

图 2.17　重构网格示意

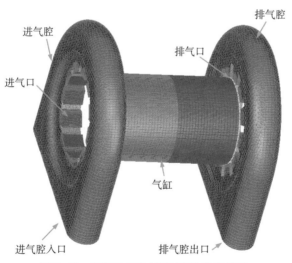

图 2.18　OP2S 工作过程 CFD 仿真模型

2.4 模型关键参数的校核与验证

OP2S 工作过程与传统柴油机有着很大的区别，燃烧过程是其区别于传统柴油机的显著特征。OP2S 与传统柴油机工作过程的差异也必与燃烧过程有关。因此，模型的校核将围绕燃烧过程特征参数开展。校核所采用的试验数据均来自原理样机试验，试验具体内容将在第 5 章详细介绍，在此不做赘述。

2.4.1 活塞运动规律及压缩比校核

压缩比是柴油机重要的性能参数，发动机一般有几何压缩比和实际压缩比之分。柴油机在实际工作过程中由于气体压力导致的活塞扭曲变形，加上活塞与缸套之间的间隙产生的气体泄漏使发动机工作过程中还存在热力学压缩比，该压缩比与有效压缩比也存在差别[74~77]。

为了得到较为适合一维仿真的压缩比，将计算压缩比时得到的三种缸内压力与试验缸压曲线的压缩部分进行对比，如图 2.19 所示，标定工况为 1200r/min，25% 负荷。对比发现，随着设置压缩比的增加，气缸容积最小点附近缸内压力越大。缸内热力过程与活塞运动规律紧密结合，因此可以通过验证热力学模型纯压缩过程中缸内瞬时压力来实现活塞运动规律的验证，该工况下发动机压缩比设置为 15.3 时计算值与试验值压缩部分吻合较好。由图 2.19 所示的压缩缸压曲线校核结果也可推测活塞运动规律计算值与实际情况基本一致。

2.4.2 韦伯燃烧模型的参数标定

燃烧模型采用韦伯非预测燃烧模型，不需要对喷雾过程进行详细描述。计算过程中只需提供循环喷油量即可。起燃点、燃烧持续期一般可通过试验测得放热规律分析燃烧特性获得。燃烧模型的标定主要通过标定燃烧品质系数来实现。本书在研究过程中忽略后燃期对 OP2S 循环热力过程的影响，只考虑预混燃烧及扩散燃烧的影响。

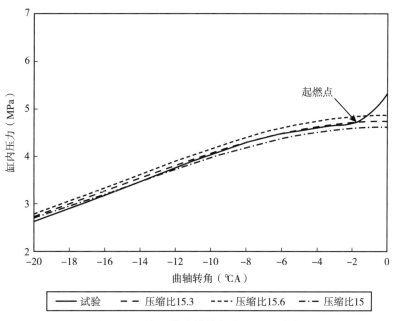

图 2.19　变压缩比计算与实际缸压对比

韦伯因子随发动机工况的变化而变化，本书在此只介绍标定工况为 1400r/min、25% 负荷时韦伯因子的标定。本书中出现的其他工况模型的标定方法与之相同。

GT – Power 模型中需要定义的韦伯燃烧模型特征参数如表 2.2 所示。滞燃期、预混比例是用来表征燃烧过程中滞燃期的长短和滞燃期内混合的燃料比例；预混燃烧持续期、扩散燃烧持续期分别表征预混燃烧所占曲轴转角及扩散燃烧所占曲轴转角。

表2.2　　　　　　　　　　　　　韦伯燃烧模型特征参数

参数	单位	参数	单位
滞燃期	℃A	扩散燃烧持续期	℃A
预混比例	—	预混燃烧因子	—
预混燃烧持续期	℃A	扩散燃烧因子	—

预混燃烧指数与扩散燃烧指数分别对应公式（2.29）中的表征预混燃烧品质的韦伯因子 σ_p 和公式（2.31）中表征扩散燃烧品质的韦伯因子 σ_d。

图 2.20 所示为预混燃烧因子对缸内瞬时放热率的影响，图 2.21 所示为预

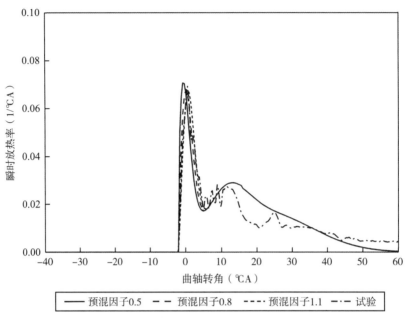

图 2.20　预混燃烧因子对缸内瞬时放热率的影响

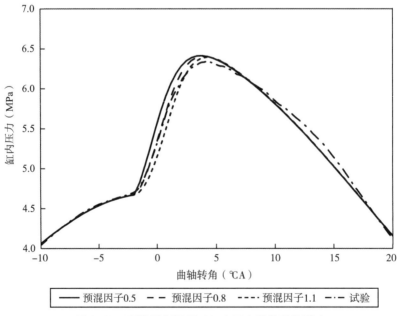

图 2.21　预混燃烧因子对缸内压力计算值的影响

混燃烧因子对缸内压力计算值的影响。随着预混燃烧因子的增加，预混燃烧阶段初期放热速率降低，缸内气体压力低，预混峰值点滞后，预混燃烧后期放热速率高；预混燃烧因子对扩散燃烧放热率影响微弱。总体来看，该工况下预混燃烧因子为 0.8 时，预混放热规律与试验值吻合较好。

图 2.22 所示为扩散燃烧因子对瞬时放热率的影响，图 2.23 所示为扩散燃烧因子对缸内压力计算值的影响。随着扩散燃烧因子的增加，放热率曲线上预混燃烧与扩散燃烧曲线间的谷值不断降低，扩散燃烧初期放热速率降低，扩散燃烧后期放热速率上升，同时扩散燃烧峰值不断增加。总体来看，该工况下扩散燃烧因子为 1.5 时，扩散燃烧放热率峰值及峰值位置都与试验值吻合较好。

2.4.3　WAVE 喷雾模型与 EBU 燃烧模型的参数标定

CFD 模型基于详细的喷雾仿真来模拟混合及燃烧过程，而喷雾模型特征参数与燃烧模型特征参数存在强烈的交互关系，因此 CFD 模型计算过程中重点考虑喷雾与燃烧模型的验证。由前面的分析可知，EBU 燃烧模型特征参数 A 表

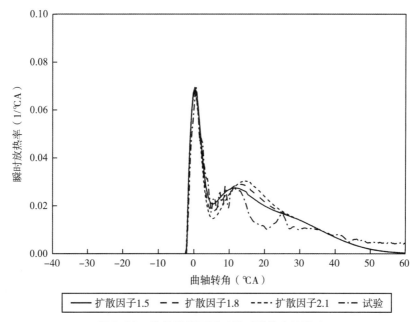

图 2.22　扩散燃烧因子对瞬时放热率的影响

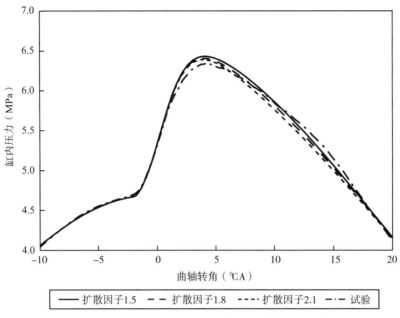

图2.23 扩散燃烧因子对缸内压力计算值的影响

征湍流反应速率，A 越大表明预混强度越大；WAVE 喷雾模型中破碎时间常数 C_2 表征燃料破碎时间长短，C_2 越小油滴破碎时间越短，蒸发混合越快，燃烧过程中预混燃烧比重也随之增加。A 与 C_2 相互作用是影响放热规律的主要因素[78]。WAVE 喷雾模型与 EBU 燃烧模型的标定主要针对这两个特征参数进行标定。

研究表明，柴油机仿真计算中当 A = 5、C_2 = 25 时计算误差小[78]。OP2S 采用柴油机工作原理，传统柴油机模型特征参数也适用于 OP2S。图 2.24 所示为采用传统柴油机经验值计算的缸内压力与试验值对比。其中，最大爆发压力误差为 4.9%，计算误差小于 5%。

2.4.4 仿真与试验的误差分析

采用仿真模型计算得到的缸内压力与试验值存在一些细微的差别，造成这些差异的主要原因有以下几种。

（1）模型初始条件的设置与试验状态不完全一致。在 CFD 计算及一维热力学仿真过程中，模型初始条件的设置存在很多简化和假设，对于边界条件的定义也常采用常数设置，而实际的边界条件随时间不断变化。

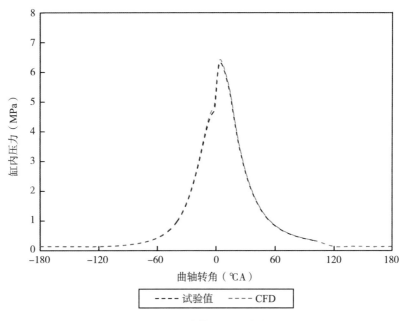

图 2.24　CFD 计算缸压与试验值对比

（2）计算中采用的喷油规律与试验状态下喷油规律有一定误差。喷油规律对 CFD 燃烧计算的结果影响很大，喷油规律的测试过程中由于测试环境与试验环境的差异及测试误差导致计算输入的喷油规律与实际喷油规律的差异也导致计算值与试验值不同。

（3）仿真计算过程所采用的模型多为经验公式，不能真实地模拟缸内燃烧放热过程。一维热力学仿真过程中，采用了经验公式模拟发动机燃料燃烧放热规律及缸内气体与外界的传热损失，CFD 仿真模型中也采用了很多经验公式。

（4）测试仪器的测量误差。试验中采用的测试仪器自身也不可避免地存在一定程度的误差，导致试验与仿真结果出现差异。

2.5　本　章　小　结

本章介绍并分析了 OP2S 结构及工作原理，结合发动机工作过程的特点分析了 OP2S 动力学、热力学及流体力学的耦合关系，并建立了相关仿真模型体系。通过分析得到以下结论：

（1）OP2S 的换气过程通过缸内气流运动规律与燃烧过程耦合。其耦合影响过程如下：缸内流动过程影响混合过程中的湍流强度和湍动能分布进而影响燃烧过程，同时混合及燃烧过程也影响了缸内湍流强度及湍动能分布。换气过程与缸内气流运动过程相互作用，相互影响，耦合点为缸内气流运动规律，同时缸内气流运动规律与混合气形成及燃烧过程相互作用，相互影响，耦合点为湍流强度及湍动能分布。

（2）从换气过程与缸内过程耦合角度分析，缸内气流运动过程是换气过程与缸内过程的耦合点。其耦合影响过程如下：活塞位移是影响换气正时的决定因素之一，排气初始时刻缸内压力、温度对换气过程中缸内气流运动速度、流场及换气品质都有着决定性的影响，另外，换气正时与活塞运动速度、加速度共同决定缸内气流的运动速度；换气正时变化也影响了发动机的换气品质及有效压缩比、膨胀比。缸内气流运动对湍动能、混合气形成速率起决定性的作用，在此基础上结合换气品质（EGR 率）、有效压缩比等因素共同影响了缸内燃烧放热规律，气体压力、温度，气流运动，以及缸内压力、温度及流场分布通过影响换气开始时刻缸内状态又对换气过程缸内气流运动及换气品质起决定性作用。

（3）针对 OP2S 工作过程多学科耦合关系，构建了 OP2S 耦合仿真模型体系，明确了各个模型间参数传递及交互关系。采用向量分析的方法分析活塞运动规律随曲轴转角的变化规律，建立了 OP2S 的动力学模型；描述了缸内热力过程及活塞运动规律与气缸容积之间的关系，基于等效容积变化率的原则采用 GT - Power 建立了 OP2S 热力学模型；分析了 CFD 计算原理，通过网格划分，重构建立了 OP2S 工作过程 CFD 仿真模型。

（4）通过对比倒拖压力及模型计算的冷流压力对比，标定 OP2S 实际压缩比。标定结果为，发动机转速为 1400r/min 时，有效压缩比为 15.3。通过对仿真结果与试验数据进行对比分析，对韦伯燃烧模型关键特征参数进行标定，标定结果为，发动机工作在 1400r/min、25% 负荷和工况下时，预混燃烧因子为 0.8、扩散燃烧因子为 1.5 时计算放热规律与试验吻合较好。

（5）针对 CFD 仿真过程中对结果影响最显著的 WAVE 模型及 EBU 燃烧模型的特征参数进行标定。标定结果为，EBU 燃烧模型特征参数 A 等于 5、WAVE 喷雾模型中破碎时间常数 C_2 等于 25 时，计算结果与试验结果吻合较好。

第3章

换气过程结构参数优化研究

换气过程是内燃机整个工作过程中最重要的环节之一，换气过程对缸内燃烧及热功转换过程有着强烈的耦合关系。二冲程柴油机完成一个具有进气、压缩、燃烧、膨胀和排气过程的工作循环只需要两个活塞行程，因此二冲程柴油机换气过程与四冲程柴油机的换气过程有很大的不同。

OP2S 采用气口—气口式直流扫气系统，活塞运动规律、气口高度及气口宽度对换气过程都有着决定性的影响，同时换气过程与缸内过程也紧密相关。本章利用第 2 章建立的仿真模型体系针对 OP2S 换气过程的特点进行分析，获得换气过程关键结构参数变化对发动机工作过程的影响规律，并讨论换气过程关键结构参数间交互影响规律对工作过程的影响，完善 OP2S 换气过程评价体系。本章采用正交优化的方法优化分析换气过程关键结构参数，采用相关性分析、极差分析和方差分析的方法，获得了不同评价指标的显著影响因子，最终获得了最优换气过程关键结构参数组合。

3.1　二冲程发动机换气过程分析及评价指标

传统二冲程柴油机换气过程质量可由给气比、捕获率、扫气效率及充量系数来评价[79,80]。其中，给气比定义为：每循环通过进气口的充量质量 G_s 与参考质量 G_R 之比：

$$l_0 = \frac{G_s}{G_R} \tag{3.1}$$

捕获率定义为：换气结束时留在气缸内的新鲜充量质量 G_0 与该循环内流过进气口的气体质量 G_s 之比：

$$\eta_{tr} = \frac{G_0}{G_s} \tag{3.2}$$

扫气效率定义为：换气结束后，留在气缸内的新鲜充量的质量 G_0 与换气结束后缸内气体总质量 G_z 的比值：

$$\eta_s = \frac{G_0}{G_z} \tag{3.3}$$

充量系数定义为：换气结束后，留在气缸内的新鲜充量质量 G_0 与进气管状态下新鲜气体完全充满气缸的质量 G_h 的比值：

$$\phi_c = \frac{G_0}{G_h} \tag{3.4}$$

对于参考质量 G_R 定义有两种。对于试验分析而言，G_R 视为进气管状态下气缸的充量质量 G_h，充量系数可表示为：

$$\phi_c = l_0 \cdot \eta_{tr} \tag{3.5}$$

对于仿真分析而言，G_R 可定义为扫气结束后缸内气体总质量，扫气效率可表示为：

$$\eta_s = l_0 \cdot \eta_{tr} \tag{3.6}$$

理想的换气过程，应当是新鲜充量与废气完全分层，扫气过程中新鲜空气将废气全部挤出气缸。但是，二冲程柴油机换气过程，进、排气口叠开角大，新鲜充量与废气不可避免地发生掺混，并随着废气一起被排出气缸。

基于以上推论，针对二冲程发动机换气过程有两种估算方式：

一种叫完全分层扫气，它假设新鲜充量进入气缸以后与缸内的废气不相混，扫气气流不断将废气挤出气缸。对于完全分层扫气，当给气比 l_0 小于 1 时，$\eta_{tr} = 1$，$\eta_s = l_0$；当给气比 l_0 大于 1 时，$\eta_{tr} = 1/l_0$，$\eta_s = 1^{[42]}$。

另一种叫完全混合扫气，它假设新鲜充量进入气缸以后立即与缸内的废气均匀混合。对于完全混合扫气，捕获率、扫气效率与给气比的关系可表示为：

$$\eta_{tr} = \frac{1}{l_0}(1 - e^{-l_0}) \tag{3.7}$$

$$\eta_s = 1 - e^{-l_0} \tag{3.8}$$

图 3.1、图 3.2 所示分别为完全分层假设与完全混合假设时，捕获率及扫气效率随给气比的变化规律。完全分层扫气的捕获率和给气比都高于完全混合

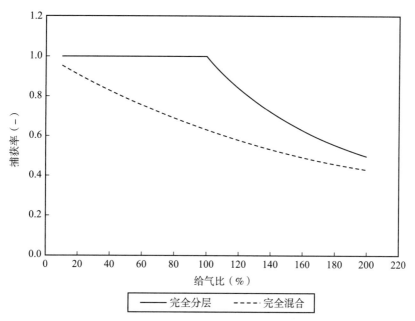

图 3.1　两种假设条件下捕获率随给气比变化规律

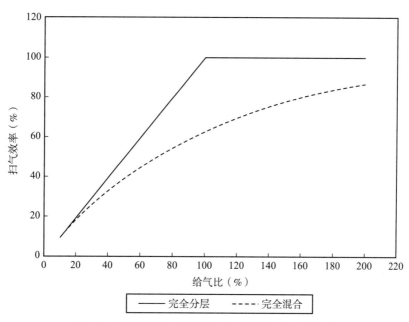

图 3.2　两种假设条件下扫气效率随给气比变化规律

扫气，而实际情况下的换气过程的捕获率及扫气效率应介于这两种假设之间。研究过程中，可将仿真、试验结果与图 3.1、图 3.2 中的曲线位置进行对比，从理论上校核计算结果和试验测试结果的可信度。

3.2 对置活塞二冲程柴油机换气过程的参数化分析

影响 OP2S 换气过程的参数有很多。研究表明，活塞运动规律、气口高度、气口宽度以及气口结构对换气过程都有着很深的影响[14,19,20]。活塞运动规律受活塞运动机构影响，课题组其他成员针对活塞运动机构已经开展了广泛的分析计算，在此不做赘述。

OP2S 中，出于燃烧上的考虑，希望使空气产生涡流运动，因此气口结构采用矩形气口，并且使进气口向切线方向倾斜一个角度称为倾角，倾角对换气过程也有影响，但是和其他换气系统参数相对独立、交互作用小，本书将在后面章节详细论述。本书研究的 OP2S 换气过程关键结构参数可由曲拐偏移角，进、排气口高度冲程比及宽度比表示。

曲拐偏移角是同一气缸中分别驱动进、排气活塞的两个曲拐相对活塞完全对称运动时曲拐位置的偏移角，如图 3.3 所示，其中排气端曲拐顺着曲轴运动方向偏移 γ 度，而进气端曲拐逆着曲轴运动方向偏移 γ 度，所以排气活塞运动相位领先进气活塞 γ 度。由第 2 章分析可知，通过设置曲拐偏移角可实现 OP2S 非对称直流扫气，曲拐偏移角决定进、排气活塞运动的相位差，是换气系统的重要参数；气口高度冲程比定义为气口下沿与上沿之间的距离与活塞相对冲程之比，进、排气口高度决定气口开启关闭的正时，同时也影响了气口的角—面值；气口宽度比定义为气口沿圆周周向总长度与气缸内侧圆周长度之比，气口宽度比也直接影响了气口的角—面值。气口下沿与活塞最低位置时的活塞顶面重合可以获得最大的角—面值。本章将针对以上 5 种参数开展优化分析。

传统直流扫气二冲程柴油机多采用"气口—气门"式扫气系统，进气口正时受活塞运动制约，而排气口正时不受活塞运动影响。OP2S 采用"气口—气口"式直流扫气系统，活塞运动规律对进、排气口正时都有着决定性的影响，这与传统柴油机有较大区别。进、排气活塞运动存在一定的相位差并通过一根曲轴驱动，因此 OP2S 进、排口开启关闭规律存在强烈的耦合关系。这种强烈的耦合关系使得对换气过程的研究须兼顾缸内循环热力过程。因此，OP2S 换气过程的评价也必然有别于传统二冲程发动机。本节将首先分析换气过程相关参数对发动机工作过程的影响，并尝试采用传统二冲程发动机换气过程评价参数评价 OP2S 换气过程；在此基础上结合参数影响规律分析传统二冲程换气过程评价指标应用于 OP2S 的利与弊，进而完善 OP2S 换气过程评价指标。

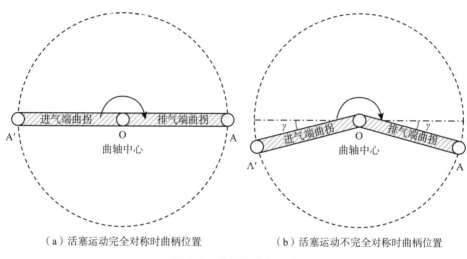

（a）活塞运动完全对称时曲柄位置　　　　（b）活塞运动不完全对称时曲柄位置

图 3.3　曲拐偏移角示意

3.2.1　参数化计算设置

计算从换气过程及缸内循环过程两个角度出发，利用本书第 2 章所建立的耦合仿真模型，仿真分析换气过程关键结构参数对换气过程及循环热力过程的影响。计算工况为 2500r/min、100% 负荷。计算过程中通过定义发动机空燃比为定值 29，初始条件的设置参照试验及 CFD 仿真计算结果，如表 3.1 所示。

表 3.1　　　　　　　　　　　计算初始条件设置

参数及单位	值	参数	值
进气压力（MPa）	0.2	进气流量系数	0.75
排气压力（MPa）	0.15	排气流量系数	0.65

3.2.2 曲拐偏移角变化对发动机性能的影响

曲拐偏移角通过对活塞相对运动规律的影响进而影响换气及缸内过程。图3.4 所示为曲拐偏移角变化对进、排气活塞位移的影响。当曲拐偏移角由 5° 变化到 15° 时，排气活塞运动相位提前了 5℃A 而进气活塞运动相位角推迟了 5℃A。活塞运动相位的变化对换气正时起决定性作用，图 3.5 所示为曲拐偏移角对气口角—面值的影响，随着曲拐偏移角由 5° 变化到 15°，排气口开启、关闭角提前了 5℃A 而进气口开启、关闭滞后 5℃A，同时自由排气持续期增加了 10℃A。曲拐偏移角的变化对进、排气口角—面值没有影响。

进气口开启时刻由于缸内气体压力稍高于扫气压力，容易发生进气回流。进气口即将关闭时，由于气缸容积不断降低，缸内压力不断上升也会导致进气回流发生。图 3.6 所示为曲拐偏移角变化对扫气流量的影响。随着曲拐偏移角的不断增加，自由排气持续期的增加导致缸内压降作用明显，进气口开启时刻的推迟使得进气口开启后气体回流量呈现渐弱的趋势，但是进气口关闭前气体回流量呈现上升趋势。

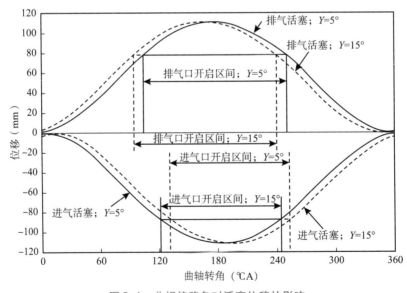

图 3.4 曲拐偏移角对活塞位移的影响

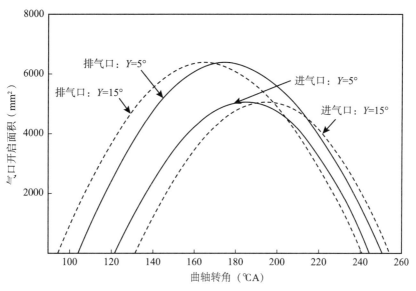

图 3.5　曲拐偏移角对气口角—面值的影响

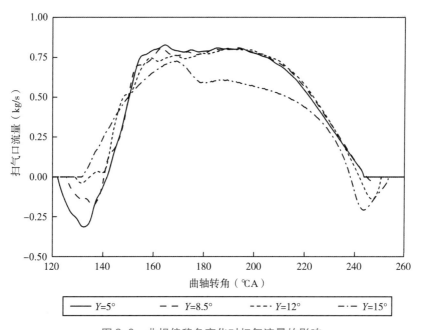

图 3.6　曲拐偏移角变化对扫气流量的影响

　　气口开启、关闭正时及自由排气持续期的变化直接影响了 OP2S 换气品质。图 3.7 所示为曲拐偏移角变化对给气比、捕获率的影响。随着曲拐偏移角的增加，扫气持续期不断缩短导致给气比整体呈下降的趋势，但是捕获率呈上升趋势，扫气效率随曲拐偏移角增加而增加，如图3.8所示。

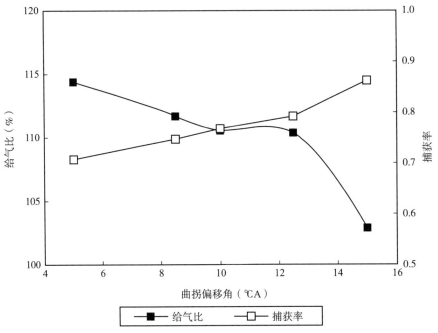

图3.7　曲拐偏移角变化对给气比、捕获率的影响

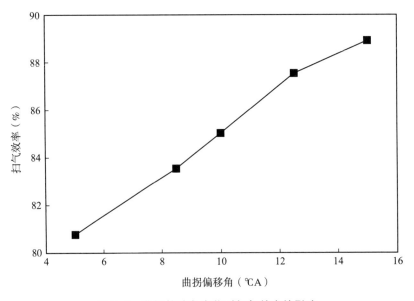

图3.8　曲拐偏移角变化对扫气效率的影响

　　活塞相对位移定义为某一曲轴转角时进、排气活塞顶面之间的距离。活塞相对位移最大值位于气缸容积最大点，活塞相对位移最小值位于气缸容积最小点。曲拐偏移角变化引起的进、排气活塞运动相位差变化使其对活塞相对位移也有影响，如图 3.9 所示。当曲拐偏移角由 5°变化到 15°时，进、排气活塞间最小距离增大，燃烧室最小容积也随之增大。由图 3.4 可知曲拐偏移角增加后排气口早开、早关，进气口晚开、晚关，为了进一步分析进、排气口这种开启与关闭规律对发动机有效压缩比的影响，表 3.2 列举了不同曲拐偏移角时的换

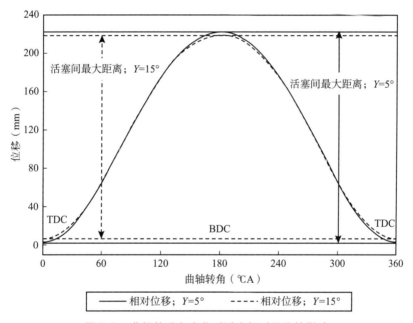

图 3.9　曲拐偏移角变化对活塞相对位移的影响

表 3.2　不同曲拐偏移角时换气正时及压缩开始时刻（0℃A 为气缸容积最小点）

γ	EVO（℃A）	IVO（℃A）	IVC（℃A）	EVC（℃A）	压缩起始角（℃A）
5°	105	122	243.5	250	250
7°	103	124	245.5	248	248
8°	102	125	247	247	247
9°	101	126	247.5	246	247.5
11°	99	128	249.5	244	249.5
13°	97	130	251.5	242	251.5
15°	95	132	253.5	240	253.5

气正时。当曲拐偏移角小于8°时排气口晚于进气口关闭，发动机实际压缩比由排气口关闭时刻决定；当曲拐偏移角大于8°时进气口晚于排气口关闭，实际压缩比由进气口关闭时刻决定。压缩起始角随曲拐偏移角的增加先远离后靠近气缸容积最小点。

曲拐偏移角的变化对燃烧室容积与压缩、膨胀行程的影响使得发动机有效压缩比、有效膨胀比的变化如图3.10所示，随着曲拐偏移角的增加，发动机实际压缩比、膨胀比不断降低。

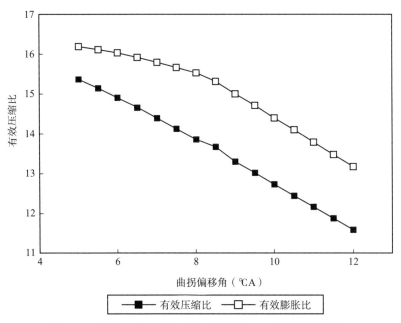

图3.10 曲拐偏移角变化对有效压缩比、有效膨胀比的影响

综上所述，随着曲拐偏移角在［5°，15°］的区间内不断增大，扫气效率呈现单调增加的趋势，这有利于增加循环喷油量，提高发动机功率密度；但是发动机有效压缩比与膨胀比呈现单调降低的趋势，导致循环热效率降低，发动机热功转换能力降低，因此指示燃油消耗率（ISFC）呈上升趋势，如图3.11所示。图3.12所示为曲拐偏移角变化对平均指示压力（IMEP）的影响。随着曲拐偏移角的变化，IMEP呈现先增大后减小的趋势。

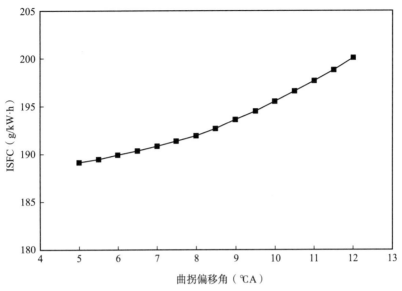

图 3.11   曲拐偏移角变化对 ISFC 的影响

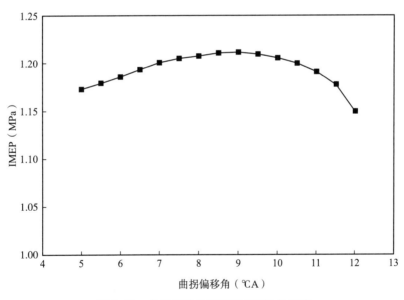

图 3.12   曲拐偏移角变化对 IMEP 的影响

3.2.3   气口参数对发动机性能的影响

气口高度的增加使得该气口开启时刻提前而关闭时刻滞后，角—面值增加；气口宽度的增加也使得角—面值增加。本节将重点讨论 OP2S 气口高度冲程比与宽度对换气及缸内循环过程的影响。

图 3.13 所示为进气口高度冲程比对进气口瞬时流量的影响，进气口高度冲程比决定了进气口的开启和关闭角。排气正时不变的情况下，进气口高度冲程比越小进气口越晚开启，同时排气口提前开启角越大，自由排气排出气缸内的气体质量越多，因此进气口打开时缸内压力越低，进气口回流的气体流量越少；进气口打开后，高度冲程比大的进气口扫气面积大，这时扫气面积对扫气流量的影响最大，进气口高度冲程比越大，扫气流量越大；进气口即将关闭的时候，进气口高度冲程比越低，扫气晚关角越小，进气口回流气体流量也越小。

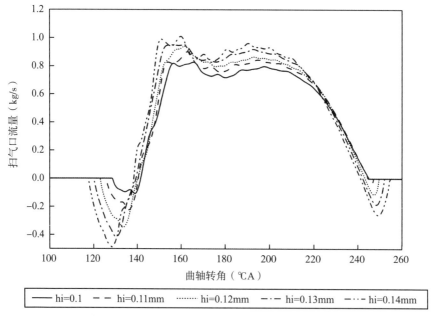

图3.13 进气口高度冲程比对进气口瞬时流量的影响

图 3.14 所示为进气口宽度比对进气口瞬时流量的影响。进气口宽度比决定了同一曲轴转角下进气口被打开的面积，进气口即将开启时进气口回流流量受宽度比影响较大，而进气口即将关闭时进气口回流流量受宽度比影响较小；进气口开启一段时间后扫气面积越大，气体流量越大。

图 3.15 所示为进气口高度冲程比、宽度比变化对给气比的影响。给气比

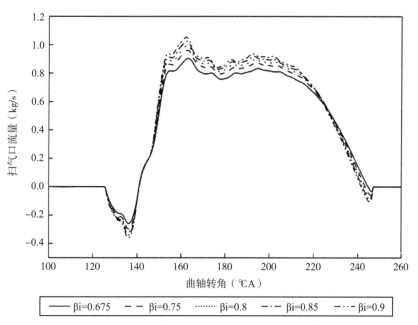

图 3.14　进气口宽度比对进气口瞬时流量的影响

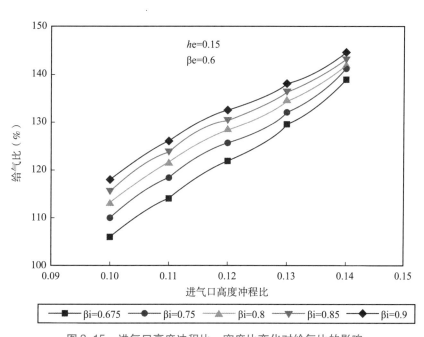

图 3.15　进气口高度冲程比、宽度比变化对给气比的影响

随进气口的高度冲程比增大而增大，这是由于进气口高度冲程比的增加使得进气口开启的持续期延长，扫气时间变长；给气比随进气口宽度比的增加而增加，这是由于进气口宽度比的增加使得相同时刻扫气面积增加，导致气体流量增加。

图 3.16 所示为排气口高度冲程比、宽度比变化对给气比的影响。给气比随排气口的高度冲程比增大而增大，这是由于排气口高度冲程比的增加使得排气口开启提前角增大，进气口开启时缸内压力小，扫气压差大导致扫气流量大。但是，排气口提前角增幅较进气口高度冲程比变化小；同时排气口宽度比的增加使得排气口打开后缸内压力下降更快，扫气流量增加使得给气比增加。

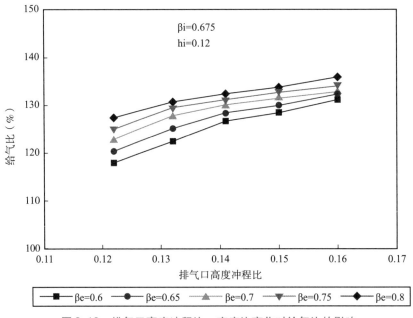

图 3.16　排气口高度冲程比、宽度比变化对给气比的影响

图 3.17 所示为进气口高度冲程比、宽度比变化对捕获率的影响。捕获率随进气口的高度冲程比增大而减小，这是由于进气口高度冲程比变大增加了扫气持续期，导致从排气口流出的新鲜充量增加；捕获率随进气口宽度比的增加而降低，流出排气口的新鲜充量增加。

图 3.18 所示为排气口高度冲程比、宽度比变化对捕获率的影响。捕获率

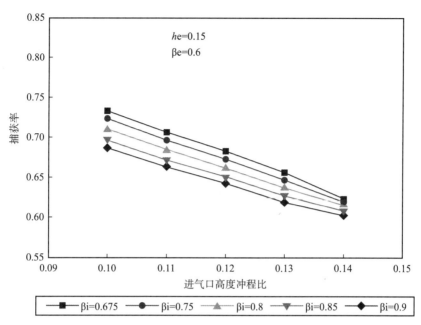

图 3.17　进气口高度冲程比、宽度比变化对捕获率的影响

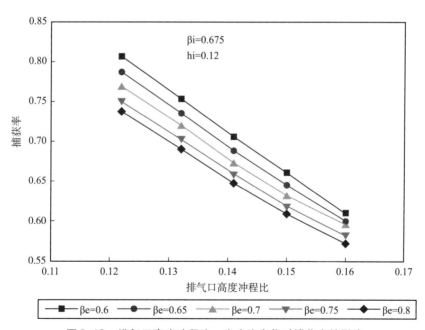

图 3.18　排气口高度冲程比、宽度比变化对捕获率的影响

随排气口的高度冲程比增大而减小，这是由于排气口高度冲程比的增加导致排气口关闭角增大，从排气口流出的新鲜充量增加，其减小量大于进气口高度冲程比增加导致的捕获率减小量；捕获率随排气口宽度比的增加而降低，流出排气口的新鲜充量增加。

图 3.19 所示为进气口高度冲程比、宽度比变化对扫气效率的影响。扫气效率随进气口的高度冲程比增大而增大，这是由于进气口高度冲程比的增加导致扫气时间增加，从进气口流入的新鲜充量增加；扫气效率也随进气口宽度比的增加而增加，这是由于相同曲轴转角下进气口流通面积增加所致。进气口宽度比对扫气效率的影响随着进气口高度冲程比的增加而降低。

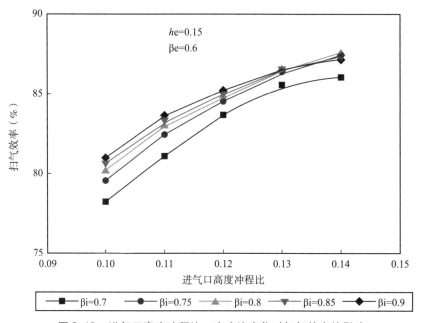

图 3.19　进气口高度冲程比、宽度比变化对扫气效率的影响

图 3.20 所示为排气口高度冲程比、宽度比变化对扫气效率的影响。排气口高度冲程比及宽度比是影响扫气过程中气流是否"短路"的重要因素，对于二冲程直流扫气发动机而言，气流"短路"意味着发动机气缸对新鲜充量的储存能力下降，流出排气口的新鲜充量增加。因此，扫气效率随排气口的高度冲程比增大而降低，也随排气口宽度比的增加而降低。

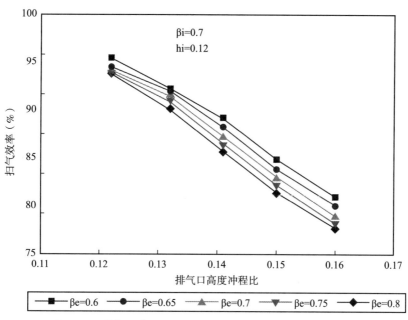

图 3.20　排气口高度冲程比、宽度比变化对扫气效率的影响

图 3.21 所示为进气口高度冲程比变化对发动机有效压缩比的影响，图 3.22 所示为进气口高度冲程比、宽度比变化对发动机指示燃油消耗率的影响。

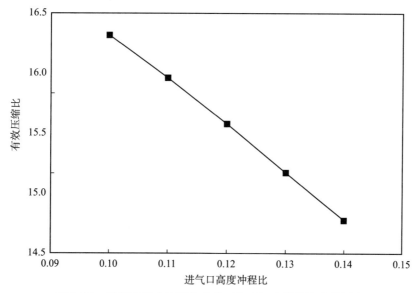

图 3.21　进气口高度冲程比变化对发动机有效压缩比的影响

随着进气口高度冲程比的增加,进气口关闭角增大,发动机有效压缩比随之降低,因此指示燃烧消耗率随之增加。

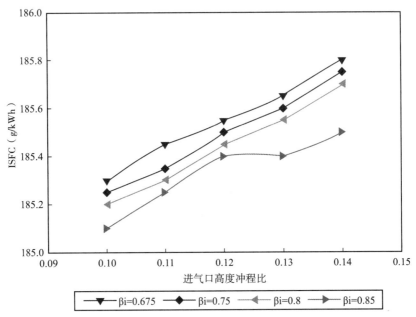

图 3.22 进气口高度冲程比、宽度比变化对发动机指示燃油消耗率的影响

图 3.23 所示为排气口高度冲程比变化对发动机有效膨胀比的影响,图 3.24 所示为排气口高度冲程比、宽度比变化对发动机指示燃油消耗率的影响。随着排气口高度冲程比的增加,排气口开启角减小,发动机工作过程中的实际膨胀行程降低,有效膨胀比也随之降低。因此,指示燃油消耗率也随之降低。

图 3.25 所示为进气口高度冲程比、宽度比变化对 IMEP 的影响。从总体来看,随着进气口高度冲程比的增加,发动机实际压缩比不断降低从而导致 IMEP 值的下降,同时进气口宽度比的增加使得同一曲轴转角下扫气面积增加,进入气缸内的空气量和喷油量增加使得 IMEP 的值升高。随着宽度比的增加,进气口高度冲程比对 IMEP 的影响逐渐降低,当进气宽度比为 0.9 时,进气口高度冲程比变化对 IMEP 影响很小。

图 3.26 所示为排气口高度冲程比、宽度比变化对 IMEP 的影响。总体来说,

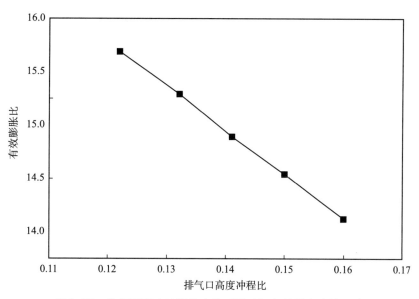

图 3.23　排气口高度冲程比变化对发动机有效膨胀比的影响

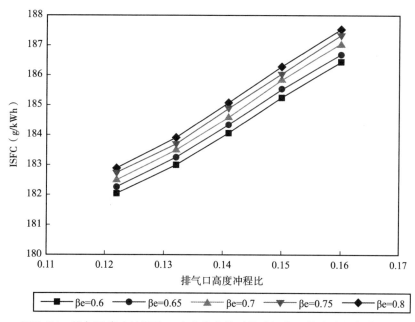

图 3.24　排气口高度冲程比、宽度比变化对发动机指示燃油消耗率的影响

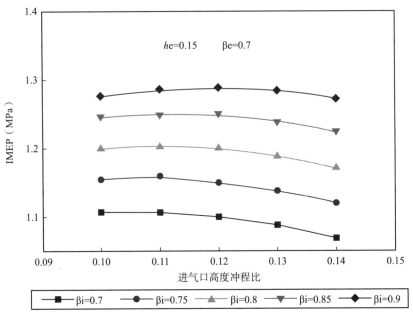

图 3.25　进气口高度冲程比、宽度比变化对 IMEP 的影响

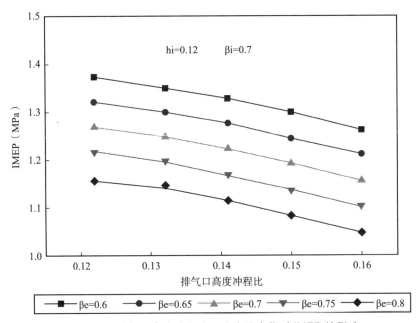

图 3.26　排气口高度冲程比、宽度比变化对 IMEP 的影响

由于排气口高度冲程比增加导致发动机实际膨胀比降低。当进气口高度冲程比一定时，IMEP 随排气口高度冲程比增加而降低，宽度比增加导致气缸对新鲜充量的储存能力降低，同时宽度比增加加速了自由排气过程中缸内的压降，导致气体推动活塞的力降低，也使 IMEP 随着宽度比的增加而降低。

OP2S 排气口开启到进气口开启为自由排气过程。自由排气持续角的大小对扫气过程影响很大，自由排气持续角过小会导致进气口打开时缸内压力还未降低到扫气压力以下，出现进气"倒灌"，从而降低有效扫气时间；自由排气持续角过大会导致排气过程中气缸出现"真空"，从而导致排气"倒灌"降低自由排气过程中的平均流量。排气提前角由进、排气高度同时决定，由图 3.27 可知，不同进气口高度冲程比下扫气效率出现的最大值点对应的排气口高度冲程比也不同，并随着排气口高度冲程比的增大而有所降低。

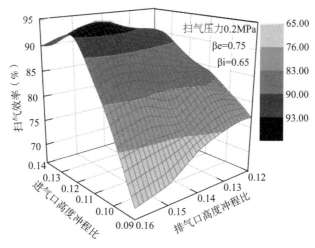

图 3.27　进、排气口高度冲程比的交互作用对扫气效率的影响

图 3.28 所示为进、排气口高度冲程比变化对 IMEP 的影响。进、排气口高度冲程比变化对 IMEP 的影响存在着明显的交互作用。由于 IMEP 受发动机扫气效率影响的同时也受到缸内循环指示热效率的影响，因此在变量计算区域内由于不同影响因素对 IMEP 起主导作用使得计算结果中出现了多个极大值点。

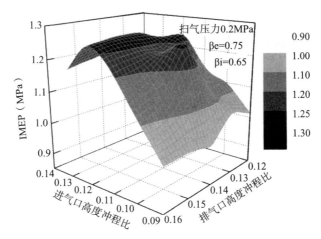

图 3.28　进、排气口高度冲程比的交互作用对 IMEP 的影响

3.2.4　对置活塞二冲程柴油机换气过程评价指标分析

OP2S 有效压缩比、膨胀比受气口高度及曲拐偏移角影响明显。在压缩过程中进气口最晚关闭，因此进气口关闭时刻即是压缩开始时刻；膨胀过程中排气口最先被打开，因此排气口开启时刻即是膨胀结束时刻。研究表明，曲拐偏移角越大，进、排气活塞运动相位差越大，使得排气口开启角提前而进气口关闭角滞后，发动机自由排气持续期和过后充气持续期增加，扫气持续期降低。同时曲拐偏移角增大后使得有效压缩行程和膨胀行程缩短，燃烧室最小容积增大，导致有效压缩比、膨胀比的降低。

由以上分析可知，曲拐偏移角增加使得 OP2S 扫气效率增加，但是压缩比、膨胀比不断降低使得指示燃油消耗率也不断增加；进气口高度增加使得扫气效率增加，但是压缩比不断降低使得指示燃油消耗率也不断增加；排气口高度增加也使得扫气效率降低及燃油消耗率增加。OP2S 中，扫气效率优化方向与循环热效率的优化方向相反，因此换气过程的优化要兼顾缸内循环热力过程。采用传统二冲程发动机换气过程评价指标评价 OP2S 过于片面。OP2S 换气过程评价指标除了传统二冲程柴油机的给气比、捕获率及扫气效率等指标外，还应该加入指示热效率指标。同时，发动机扫气效率与指示热效率的提高都会提高功率输出，因此 OP2S 换气过程评价指标体系中应该加入功率输出评价指标。平均指示压力可兼顾扫气效率及循环热效率的影响，适用于 OP2S 换气过程的评价。

3.3　换气过程关键结构参数优化

　　OP2S 换气过程的优化实际上是通过计算换气过程关键结构参数对发动机性能的影响，确定一组最优的换气参数组合。仿真优化方法有单参数研究法和综合参数研究法。

　　单参数研究法逐一研究某个参数的变化对性能的影响，其研究工作量大，不能提供对评价指标影响最显著的因素，同时根据计算结果不易分析多参数对评价指标的综合影响。OP2S 换气过程关键结构参数对换气过程及缸内工作过程的影响很复杂，不同的换气过程关键结构参数间存在交互作用，即某个参数对柴油机工作过程及性能的影响并不是孤立的。因此，单参数仿真研究方法不适合用来优化研究 OP2S 的换气过程。

　　采用综合参数的研究方法，就是同时考虑多个参数的改变对评价指标的影响，其中正交设计方法是解决多因素多水平优化的有效办法，它能够由尽可能少的仿真工作量得到我们想要的最优结果，还可以用综合平衡法或综合评分法得到较好的均衡性能指标。正交优化就是一种常见的综合平衡法。

3.3.1　正交优化方法

　　正交优化方法是一种多因素的优化设计方法，它是从全面的样本中挑选有代表性的样本进行分析，为了保证进行较少的计算次数就可以找到最优的参数组合，这些样本必须具有正交性，同时这些有代表性的点应具备"均匀分散，齐整可比"的特点[81]。

　　本章将采用正交优化方法优化分析 OP2S 换气过程及性能。正交优化方法可以利用尽可能少的计算次数获取尽可能多的信息。这就要求最有效地选择各个仿真因素的水平，通过仿真计算得到目标的观测值，并对仿真计算结果进行分析，从而得到目标有最优值的仿真初始条件，能够在多因素的情况下了解各因素影响的相对大小，确定主、次因素。正交优化方法在计算过程中挑选的因素不宜过多，同时因素的位级数不应多取[82]。

3.3.2 优化目标分析

OP2S 换气过程优化不仅局限于扫气效率已成为共识，霍夫鲍尔[14]提出了采用发动机速度特性作为换气过程优化目标，并广泛适用于 OPOC 柴油机换气过程的优化。但是，采用速度特性作为优化目标仅从定性角度分析换气过程，无法提出定量分析目标。同时，该方法计算工作量大，不利于多参数优化过程。

由上文分析可知，OP2S 换气过程中有部分新鲜充量损失。该部分新鲜充量的损失在示功图上无法体现，利用示功图计算指示功 W_i 时容易被忽略。实际计算平均指示压力时应充分考虑新鲜充量损失造成的能量损失，同时压气机对新鲜充量所做的功也应考虑在其中。

换气结束后，实际留在气缸中新鲜充量的体积 V_f 可表示为：

$$V_f = \eta_s \cdot V_s \tag{3.9}$$

OP2S 每循环过程中压气机对新鲜充量做功 W_c 可表示为：

$$W_c = (p_s - p_0) \cdot V_s \cdot \eta_s \cdot l_0 \tag{3.10}$$

式中，p_s 为扫气压力，p_0 为环境压力，V_s 为气缸工作容积，l_0 为给气比。

OP2S 平均指示压力可表示为：

$$p_i = \frac{W_i - W_c}{V_s} \tag{3.11}$$

式中，p_i 为 IMEP，W_i 为示功图计算得到的循环净功。

采用 IMEP 作为 OP2S 换气过程优化指标可解决扫气效率优化方向与指示热效率优化方向相反的问题，兼顾二者性能，同时可以综合考虑扫气效率及循环效率对发动机工作过程的影响。因此，IMEP 可用作 OP2S 换气过程优化目标。

3.3.3 优化函数的建立

以平均指示压力作为优化目标的优化函数可表示为：

$$\max[p_i] = f(\beta_i, \beta_e, h_i, h_e, \gamma) \tag{3.12}$$

式中，p_i 为发动机平均指示压力，β_i、β_e 分别为进气口和排气口的宽度比，h_i、h_e 分别为进气口、排气口的高度冲程比，γ 为曲拐偏移角。

考虑到不同算例模型之间的可比性，首先确定空燃比为一个约束条件；增加气口高度冲程比有助于提高扫气效率，但是气口高度冲程比的增加会降低发动机有效压缩比、膨胀比，从而降低发动机指示热效率，因此确定发动机指示燃油消耗率为另一个约束条件。

$$s.t: \begin{cases} a = 29 \\ b_i \leqslant 210 \quad \text{g/kW·h} \end{cases} \tag{3.13}$$

式中，a 为空燃比，b_i 为指示燃油消耗率。

计算过程中首先通过计算实际进气量来反复核算循环喷油量，保证每个算例模型中空燃比为 29 不变。通过计算得到的指示燃油消耗率用来判断模型是否满足优化函数中的约束条件，如果满足则参与比较。

指示燃油消耗率 b_i 的计算采用：

$$b_i = \frac{3.6 \times 10^6}{H_u \cdot \eta_{it}} \tag{3.14}$$

式中，H_u 为燃料低热值，η_{it} 为指示热效率：

$$\eta_{it} = \frac{W_i}{Q_i} \tag{3.15}$$

3.3.4　因素水平的确定及正交计算方案

OP2S 换气过程优化研究参数分别从进气口、排气口及曲轴参数展开：

进气口参数：进气口高度冲程比 h_i（A），进气口宽度比 β_i（B）；

排气口参数：排气口高度冲程比 h_e（C），排气口宽度比 β_e（D）；

曲轴参数：曲拐偏移角 γ（E）。

换气过程关键结构参数对发动机性能的影响并非孤立的，应该考虑主要参数的交互作用，交互作用指参数域中的一个因子对另一个因子的不同水平有不同的影响。

换气过程中自由排气持续期、扫气持续期对换气品质都有着决定性的影响。而自由排气持续期、扫气持续期受进、排气口开启正时共同影响。因此进、排气口高度冲程比二者存在强烈的交互作用；同时进气口高度及宽度比影响了进气口角—面值，二者也存在强烈的交互作用，同理排气口高度冲程比及宽度比也存在强烈的交互作用，在正交优化过程中应该被考虑。

本章优化匹配换气过程关键结构参数的正交因素—水平如表 3.3 所示。进、排气口高度冲程比的取值范围参照霍夫鲍尔（Hofbauer）[14]，其中进气口高度冲程比区间为 [0.1，0.12]，排气口高度区间为 [0.123，0.141]；气口宽度取值范围综合考虑了缸套的强度及冷却水通道空间，其中进气口宽度比区间为 [0.7，0.8]，排气口宽度比范围为 [0.6，0.7]；曲拐偏移角的取值兼顾了发动机的平衡性能，取值范围为 [5°，12°]。

表3.3　　　　　　　　　　　　　因素—水平表

因素	A	B	C	D	E
值	h_i（-）	β_i（-）	h_e（-）	β_e（-）	γ（°）
水平 1	0.10	0.70	0.123	0.60	5
水平 2	0.11	0.75	0.132	0.65	8.5
水平 3	0.12	0.80	0.141	0.70	12

正交表的选用和表头设计遵循以下原则[83~85]：

（1）因子的自由度应该等于所在列的自由度；

（2）交互作用的自由度应该等于所在列的自由度，或其之和；

（3）所有因子与交互作用的自由度的和不能超过所选正交表的自由度。

其中，表的自由度为仿真次数减 1，列的自由度为水平数减 1，因子的自由度为水平数减 1，交互作用的自由度为对应的两个因子的自由度的乘积。

计算方案中有 5 个 3 水平因素，3 对交互因素 A×B、A×C 和 C×D，正交试验自由度为 $5×2+3×2×2=22$。选用的正交表自由度应大于 22，因此选用 $L_{27}（3^{13}）$。

有交互作用的正交试验表头设计的关键是确定各列所对应的因素及交互作用所在列的位置，对 n 水平的正交表，两列之间的交互作用为占 $n-1$ 列。本章采用了 5 因素 3 水平计算。因此，每对交互作用所占列数为 2 列。根据 $L_{27}（3^{13}）$ 正交表两列间的交互作用列位置，所设计的正交表头如表 3.4 所示[85]。

表 3.4　　　　　　　　　　　　　正交表头设计

因素	A	B	A×B	A×B	C	A×C	A×C	D	E	C×D	C×D		
列号	1	2	3	4	5	6	7	8	9	10	11	12	13

3.4　优化计算结果分析

3.4.1　正交计算结果的分析方法

对于换气过程关键结构参数与换气过程各个评价指标的关系可采用相关性分析的方法来评价。相关性分析是指对两个或多个具备相关性的变量元素进行分析，从而衡量两个变量因素的相关密切程度。相关系数的绝对值都小于等于 1，相关性系数大于 0 表示二者正相关，相关系数小于 0 表示二者负相关。通常可以通过以下取值范围来判断变量的相关程度：相关系数绝对值大于 0.8 表示二者极强相关；相关系数绝对值大于 0.6 小于 0.8 表示二者强烈相关；相关系数绝对值大于 0.4 小于 0.6 表示二者中等程度相关；相关系数绝对值大于 0.2 小于 0.4 表示二者弱相关；相关系数绝对值小于 0.2 表示二者极弱相关或不相关。因素 X 与 Y 的相关系数 $R(X, Y)$ 可表示为：

$$R(X, Y) = \frac{\frac{1}{N} \sum_{1}^{N} \left[(X_i - \overline{X}) \cdot (Y_i - \overline{Y}) \right]}{\sigma_X \cdot \sigma_Y} \tag{3.16}$$

式中，$\overline{X}$、$\overline{Y}$ 为样本平均值，σ_X、σ_Y 为样本标准差。

$$\overline{X} = \frac{1}{N} \sum_{i=1}^{N} X_i \tag{3.17}$$

$$\sigma_X = \sqrt{\frac{\sum_{i=1}^{N} (X_i - \overline{X})^2}{N - 1}} \tag{3.18}$$

正交试验的结果分析主要有极差分析和方差分析两种。极差分析是指通过比较极差大小判断各个因素对试验结果影响的主次[81]。

极差分析过程中定义 K_{jm} 为第 j 列因素 m 水平所对应的试验指标，而 $\overline{K_{jm}}$ 为 K_{jm} 平均值。R_j 表示第 j 列的极差，极差大小可表示为：

$$R_j = \max(\overline{K_{jm}}) - \min(\overline{K_{jm}}) \qquad (3.19)$$

极差分析法又叫直观分析法，这种方法简单直观，对试验结果计算工作小，通过直观的比较就可得出优选条件。但是，极差分析法不能估计试验过程及试验结果测定中必然存在的误差，因而不能区分因素各水平所对应的试验结果的差异究竟是由于因素水平的改变所引起的，还是由于试验误差所引起的，因此极差分析法得到的结论不够精确，而且对影响试验结果的各因素的重要程度也不能给出精确的数量估计。为弥补极差分析法的不足，可采用方差分析法[81,83]。方差分析法是建立在差方和的加和性基础上的数据处理方法。方差分析法中各因素及其交互作用和误差对试验的影响通过其相应的离差平方和来表示，各离差平方和中独立数据的个数用自由度表示。各因素差方和等于它的各水平均值 $\overline{K_{jm}}$ 之间偏差平方和。表头设计过程中空列表示误差列，试验误差的差方和是所有试验结果在不同水平下的指标值与该水平下的均值之间的差的平方和。它是由随机误差引起的，故叫误差的差方和。各因素的平均差方和与误差的平均差方和相比，得出 F 值。这个比值的大小反映了各因素对试验结果影响程度的大小。

假设用正交表安排 N 个因素的正交试验，试验总次数为 n，试验结果（试验指标）分别为 X_1，X_2，$\cdots$，X_n。假定每个因素取 m 个水平，每个水平做 p 次试验，则 $n = mp$。正交试验的方法分析可以从以下几个步骤开展：

第一步，计算差方和：各因素差方和等于它的各水平均值之间的偏差平方和。所有试验次数的平均值可表示为：

$$\overline{X} = \frac{1}{n}\sum_{i=1}^{m}\sum_{j=1}^{p}X_{ij} = \frac{1}{mp}\sum_{i=1}^{m}\sum_{j=1}^{p}X_{ij} \qquad (3.20)$$

由此可以得到因素 A 的差方和：

$$Q_A = p\left[(k_1^A - \overline{X})^2 + (k_2^A - \overline{X})^2 + \cdots + (k_m^A - \overline{X})^2\right]$$

$$= \frac{1}{p}\sum_{i=1}^{m}(k_i^A)^2 - \frac{1}{mp}\left(\sum_{i=1}^{m}\sum_{j=1}^{p}X_{ij}\right)^2 \qquad (3.21)$$

总差方和 Q_T 是所有试验次数结果的偏差平方和。它反映的是试验结果的总差异，值越大，说明各次试验的结果之间的差异越大。这个差异是由因素水平的变化以及试验误差引起的，不可避免。

$$Q_T = Q_A + Q_B + \cdots + Q_E + Q_e \tag{3.22}$$

式中，Q_e 为误差平方和，它表示所有试验结果在不同水平下的指标值与该水平下的均值之间的差的平方和。

第二步，计算自由度：上文详细介绍了自由度的计算方法和计算原则，试验总自由度为：

$$f_T = n - 1 \tag{3.23}$$

各因素自由度为：

$$f_i = m - 1 \tag{3.24}$$

交互作用的自由度为两因素自由度之积：

$$f_{A \times B} = f_A \times f_B \tag{3.25}$$

第三步，计算平均差方和：

$$因素平均差方和 = \frac{因素差方和}{因素自由度} \tag{3.26}$$

试验误差的平均差方和可表示为：

$$试验误差平均差方和 = \frac{试验误差差方和}{试验误差自由度} \tag{3.27}$$

第四步，计算 F 比：

$$F = \frac{因素平均差方和}{误差平均差方和} \tag{3.28}$$

第五步，因素显著性检验：给出检验水平 a（置信度），从 F 分布表中查找临界值 F_a。将其与上述计算出的 F 值比较，若 $F > F_a$，说明该因素对试验结果（试验指标）的影响显著，两个数差别越大，说明该因素的显著性越大。$F > F_{0.01}$，因素影响非常显著，记为 "***"，稍微变化即引起指标的很大变化；$F_{0.01} \geqslant F > F_{0.05}$，因素影响十分显著，记为 "**"；$F_{0.05} \geqslant F > F_{0.10}$，因素影响显著，记为 "*"。

本章采用极差与方差结合的办法分析正交计算结果[81]。通过正交设计的仿真计算算例及耦合模型的计算结果如表 3.5 所示。结果分析将利用极差分析法和方差分析法从 OP2S 换气过程各个评价指标展开，包括给气比、捕获率、扫气效率、指示热效率及平均指示压力（IMEP）。

表 3.5 正交优化计算结果

编号	h_i (−)	β_i (−)	h_o (−)	β_o (−)	γ (°)	η_t (%)	l_a (%)	η_p (−)	η_s (%)	IMEP (bar)
1	0.1	0.7	0.123	0.6	5	45.7	96.3	0.905	87.1515	12.31
2	0.1	0.7	0.132	0.65	8.5	44.4	100.4	0.867	87.0468	12.48
3	0.1	0.7	0.141	0.7	12	42.5	104.1	0.843	87.7563	12.53
4	0.1	0.75	0.123	0.65	8.5	44.7	99.4	0.904	89.8576	12.77
5	0.1	0.75	0.132	0.7	12	42.8	101.9	0.872	88.8568	12.64
6	0.1	0.75	0.141	0.6	5	44.5	104.9	0.843	88.4307	12.72
7	0.1	0.8	0.123	0.7	12	43.1	99.2	0.908	90.0736	12.65
8	0.1	0.8	0.132	0.6	5	45.5	105.1	0.828	87.0228	12.36
9	0.1	0.8	0.141	0.65	8.5	44.1	108.1	0.795	85.9395	12.35
10	0.11	0.7	0.123	0.6	8.5	44.5	99.7	0.914	91.1258	12.64
11	0.11	0.7	0.132	0.65	12	42.7	101.2	0.877	88.7524	12.33
12	0.11	0.7	0.141	0.7	5	45	113.3	0.733	83.0489	11.8
13	0.11	0.75	0.123	0.65	12	43	98.8	0.907	89.6116	12.33
14	0.11	0.75	0.132	0.7	5	45.2	113.2	0.774	87.6168	12.29
15	0.11	0.75	0.141	0.6	8.5	44	109.4	0.799	87.4106	12.32
16	0.11	0.8	0.123	0.7	5	45.4	111.9	0.817	91.4223	12.71
17	0.11	0.8	0.132	0.6	8.5	44.3	107.6	0.839	90.2764	12.62
18	0.11	0.8	0.141	0.65	12	42.4	108.8	0.806	87.6928	12.25
19	0.12	0.7	0.123	0.6	12	42.8	97.5	0.913	89.0175	12
20	0.12	0.7	0.132	0.65	5	45	114.3	0.784	89.6112	12.34
21	0.12	0.7	0.141	0.7	8.5	43.7	116.1	0.749	86.9589	12.22
22	0.12	0.75	0.123	0.65	5	45.2	112.4	0.824	92.6176	12.68
23	0.12	0.75	0.132	0.7	8.5	44	114.5	0.783	89.6535	12.38
24	0.12	0.75	0.141	0.6	12	42.3	107.5	0.809	86.9675	11.87
25	0.12	0.8	0.123	0.7	8.5	44.2	111.4	0.824	91.7936	12.54
26	0.12	0.8	0.132	0.6	12	42.6	104.5	0.841	87.8845	11.89
27	0.12	0.8	0.141	0.65	5	44.8	122.4	0.711	87.0264	12.04

　　为了检验计算结果的合理性，将正交计算结果中捕获率和扫气效率与完全分层和完全混合状态下的捕获率和扫气效率进行对比，如图 3.29 和图 3.30 所

示。正交计算结果介于完全混合假设和完全分层假设之间，说明计算结果是合理的，可以用来进行进一步分析。

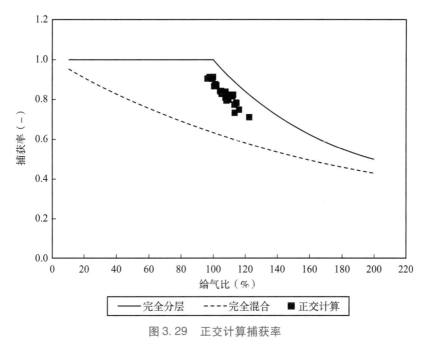

图 3.29　正交计算捕获率

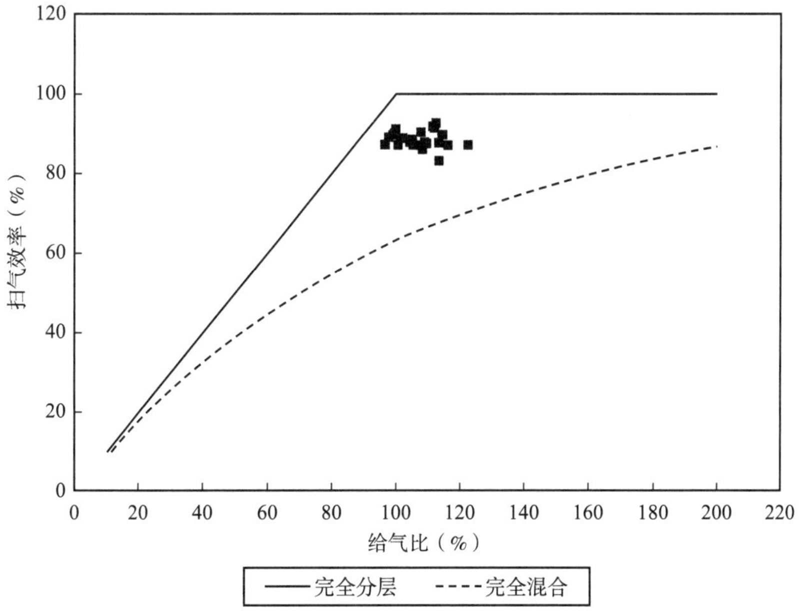

图 3.30　正交计算扫气效率

3.4.2 给气比分析

表 3.6 所示为换气过程关键结构参数与给气比之间的相关性分析。h_i、β_i、h_e、β_e 与给气比 l_0 正相关，而 γ 与 l_0 负相关。h_i、h_e、γ 与 l_0 中等程度相关，β_i、β_e 与 l_0 弱相关。其中 h_i 与 l_0 相关性系数绝对值最大。

表 3.6　　　　　　换气过程关键结构参数与给气比相关性分析

	h_i (-)	β_i (-)	h_e (-)	β_e (-)	γ (°)
l_0 (%)	0.541	0.241	0.453	0.354	-0.469

给气比极差分析如表 3.7 所示，因素对给气比影响大小依次为：A > E > C > D > B > C×D > 误差 > A×C > A×B，即进气口高度冲程比 > 曲拐偏移角 > 排气口高度冲程比 > 排气口宽度比 > 进气口宽度比 > 排气口高度冲程比与排气口宽度比交互作用 > 误差 > 进气口高度冲程比与排气口高度冲程比交互作用 > 进气口高度冲程比与进气口宽度比交互作用。结合相关性分析可知，进气口高度冲程比是影响给气比的首要因素。

表 3.7　　　　　　　　　　给气比极差分析

	A	B	A×B	C	A×C	D	E	C×D	误差
均值 1	102.16	104.77	106.89	102.96	106.81	103.61	110.42	105.85	106.596
均值 2	107.1	106.89	106.73	106.97	106.89	107.31	107.4	106.79	106.43
均值 3	111.18	108.78	106.82	110.511	106.734	109.511	102.611	107.8	107.40
极差	9.022	4.011	0.3725	7.555	0.378	5.9	7.811	2.128	0.978

给气比方差分析如表 3.8 所示。由因素的显著性检验可知，进气口高度冲程比、排气口高度冲程比、排气口宽度比及曲拐偏移角对给气比影响十分显著，因素稍微变化即引起指标的很大变化，进气口宽度比对给气比也有较显著的影响。

表 3.8　　　　　　　　　　给气比方差分析

因素	差方和	自由度	F 比	$F_{0.1}$ 临界值	$F_{0.05}$ 临界值	$F_{0.01}$ 临界值	显著性
A	367.429	2	54.862	3.46	5.14	10.9	***
B	72.482	2	10.823	3.46	5.14	10.9	**
A × B	1.523	4	0.227	3.46	5.14	10.9	
C	257.216	2	38.406	3.46	5.14	10.9	***
A × C	1.516	4	0.227	3.46	5.14	10.9	
D	160.02	2	23.893	3.46	5.14	10.9	***
E	279.242	2	41.695	3.46	5.14	10.9	***
C × D	72.751	4	10.863	3.46	5.14	10.9	
误差	20.09	6					

3.4.3　捕获率分析

表 3.9 所示为换气过程关键结构参数与捕获率相关性分析。h_i、β_i、h_e、β_e 与捕获率 η_{tr} 负相关，而 γ 与 η_{tr} 正相关。h_e 与 η_{tr} 强相关，h_i、γ 与 η_{tr} 中等程度相关，β_e 与 η_{tr} 弱相关，而 β_i 与 η_{tr} 极弱相关。

表 3.9　　　　　　换气过程关键结构参数与捕获率相关性分析

	h_i (−)	β_i (−)	h_e (−)	β_e (−)	γ (°)
η_{tr-}	−0.413	−0.169	−0.649	−0.304	0.437

捕获率极差分析如表 3.10 所示。因素对捕获率影响大小依次为：C > E > A > D > B > C × D > A × C > A × B > 误差，即排气口高度冲程比 > 曲拐偏移角 > 进气口高度冲程比 > 排气口宽度比 > 进气口宽度比 > 排气口高度冲程比与排气口宽度比交互作用 > 进气口高度冲程比与排气口高度冲程比交互作用 > 进气口高度冲程比与进气口宽度交互作用 > 误差。结合相关性分析可知，排气口高度冲程比是影响捕获率的首要因素。

表 3.10 捕获率极差分析

	A	B	A×B	C	A×C	D	E	C×D	误差
均值1	0.863	0.843	0.8315	0.88	0.83	0.855	0.802	0.8365	0.832
均值2	0.83	0.835	0.8355	0.829	0.83	0.831	0.83	0.8355	0.832
均值3	0.804	0.819	0.8295	0.788	0.8365	0.811	0.864	0.8245	0.832
极差	0.059	0.024	0.006	0.092	0.007	0.044	0.062	0.015	0.0057

捕获率计算结果方差分析如表 3.11 所示。由因素的显著性检验可知各因素对捕获率没有显著的影响。

表 3.11 捕获率计算结果方差分析

因素	差方和	自由度	F比	$F_{0.1}$临界值	$F_{0.05}$临界值	$F_{0.01}$临界值	显著性
A	0.016	2	0.002	3.46	5.14	10.9	
B	0.003	2	0	3.46	5.14	10.9	
A×B	0	4	0	3.46	5.14	10.9	
C	0.038	2	0.005	3.46	5.14	10.9	
A×C	0	4	0	3.46	5.14	10.9	
D	0.008	2	0.001	3.46	5.14	10.9	
E	0.017	2	0.002	3.46	5.14	10.9	
C×D	0.003	4	0	3.46	5.14	10.9	
误差	22.47	6					

3.4.4 扫气效率分析

表 3.12 所示为换气过程关键结构参数与扫气效率的相关性分析。h_i、β_i、β_e、γ 与扫气效率 η_{sc} 负相关，h_e 与扫气效率 η_{sc} 正相关。h_e 与 η_{sc} 强烈相关，h_i 与 η_{sc} 弱相关，而 β_i、β_e、γ 与 η_{sc} 极弱相关。

表 3. 12　　　　　换气过程关键结构参数与扫气效率相关性分析

	h_i (-)	β_i (-)	h_e (-)	β_e (-)	γ (°)
η_{sc} (%)	0. 205	0. 189	-0. 687	0. 041	0. 058

　　扫气效率计算结果极差分析如表 3.13 所示。因素对扫气率影响大小依次为：C > A > A × B > D > A × C > E > 误差 > C × D > B，即排气口高度冲程比 > 进气口高度冲程比 > 进气口高度冲程比与进气口宽度比交互作用 > 排气口宽度比 > 进气口高度冲程比与排气口高度冲程比交互作用 > 曲拐偏移角 > 误差 > 排气口高度冲程比与排气口宽度比交互作用 > 进气口宽度比。结合相关性分析可知，排气口高度冲程比是影响扫气效率的首要因素。

表 3. 13　　　　　　　扫气效率计算结果极差分析

	A	B	A × B	C	A × C	D	E	C × D	误差
均值 1	88. 015	88. 941	88. 549	90. 297	88. 726	88. 365	89. 328	88. 586	88. 79
均值 2	89. 662	89. 003	89. 384	88. 525	88. 919	88. 684	88. 896	89. 03	88. 98
均值 3	89. 059	88. 792	88. 804	87. 915	89. 091	89. 687	88. 513	89. 12	88. 97
极差	1. 647	0. 211	1. 413	2. 382	0. 8985	1. 322	0. 815	0. 714	0. 749

　　扫气效率计算结果方差分析如表 3.14 所示。由因素的显著性检验可知进气口高度冲程比与进气口宽度比的交互作用（A × B）及排气口高度冲程比（C）对扫气效率的影响最为显著，进气口高度冲程比对扫气效率影响显著。

表 3. 14　　　　　　　扫气效率计算结果方差分析

因素	差方和	自由度	F 比	$F_{0.1}$ 临界值	$F_{0.05}$ 临界值	$F_{0.01}$ 临界值	显著性
A	12. 497	2	4. 538	3. 46	5. 14	10. 9	*
B	0. 21	2	0. 076	3. 46	5. 14	10. 9	
A × B	18. 654	4	6. 774	3. 46	5. 14	10. 9	**
C	27. 562	2	10. 009	3. 46	5. 14	10. 9	**
A × C	8. 514	4	3. 092	3. 46	5. 14	10. 9	

续表

因素	差方和	自由度	F比	$F_{0.1}$ 临界值	$F_{0.05}$ 临界值	$F_{0.01}$ 临界值	显著性
D	8.56	2	3.109	3.46	5.14	10.9	
E	2.993	2	1.087	3.46	5.14	10.9	
C×D	7.158	4	2.599	3.46	5.14	10.9	
误差	8.26	6					

由方差分析可知，交互作用 A×B 及因素 C 对扫气效率有显著影响。如以扫气效率为优化目标，需要通过因素 A 与 B 交互作用二元表选取 A×B 最好的搭配。因素 A 与 B 交互作用二元表如表 3.15 所示。由表可知 A2 与 B1 搭配扫气效率最高，所以因素 A 取 A2，因素 B 取 B1。

表 3.15　　　　　　　　　　因素 A 与 B 交互作用二元表

B	A		
	0.1	0.11	0.12
0.7	87.318	90.976	88.529
0.75	89.048	88.213	89.746
0.8	87.679	89.797	88.901

由表 3.13 均值大小可得因素 C 取 C1，因素 D 取 D3，E 取 E1。因此获得最优扫气效率时换气过程关键结构参数组合为进气口高度冲程比为 0.11，进气口宽度比为 0.7，排气口高度冲程比为 0.123，排气口宽度比为 0.7，曲拐偏移角为 5°。

3.4.5　指示热效率分析

表 3.16 所示为换气过程关键结构参数与指示热效率相关系数。h_i、h_e、β_e、γ 与指示热效率 η_i 负相关，β_i 与 η_i 正相关。其中，γ 与 η_i 极强烈相关，h_e 与 η_i 弱相关，h_i、β_i、β_e 与 η_i 极弱相关。

表 3.16 换气过程关键结构参数与指示热效率相关性分析

	h_i (—)	β_i (—)	h_e (—)	β_e (—)	γ (°)
η_{i-} (%)	-0.112	0.004	-0.22	-0.012	-0.915

指示热效率极差分析如表 3.17 所示。因素对指示热效率影响大小依次为：E>C>A>A×C>B>A×B>D>C×D>误差，即曲拐偏移角>排气口高度冲程比>进气口高度冲程比>进气口高度冲程比与排气口高度冲程比交互作用>进气口宽度比>进气口高度冲程比与进气口宽度比交互作用>排气口宽度比>排气口高度冲程比与排气口宽度比交互作用>误差。结合相关性分析可知，曲拐偏移角是影响指示热效率的首要因素。

表 3.17 指示热效率极差分析

	A	B	A×B	C	A×C	D	E	C×D	误差
均值 1	44.144	44.033	44.033	44.289	44.056	44.022	45.144	44.033	44.011
均值 2	44.056	43.967	43.967	44.056	44.0385	44.033	44.211	43.962	44
均值 3	43.844	44.044	44.044	43.7	43.95	43.989	42.689	44.05	44.033
极差	0.3	0.077	0.077	0.589	0.106	0.044	2.455	0.0885	0.074

指示热效率方差分析如表 3.18 所示。由因素的显著性检验可知进气口高度冲程比、排气口高度冲程比及曲拐偏移角对指示热效率有十分显著的影响。交互作用对指示热效率没有显著影响。

表 3.18 指示热效率方差分析

因素	差方和	自由度	F 比	$F_{0.1}$ 临界值	$F_{0.05}$ 临界值	$F_{0.01}$ 临界值	显著性
A	0.427	2	13.774	3.46	5.14	10.9	***
B	0.032	2	1.032	3.46	5.14	10.9	
A×B	0.068	4	2.193	3.46	5.14	10.9	
C	1.583	2	51.065	3.46	5.14	10.9	***
A×C	0.117	4	3.774	3.46	5.14	10.9	

因素	差方和	自由度	F 比	$F_{0.1}$ 临界值	$F_{0.05}$ 临界值	$F_{0.01}$ 临界值	显著性
D	0.01	2	0.323	3.46	5.14	10.9	
E	27.654	2	892.065	3.46	5.14	10.9	***
C×D	0.082	4	2.645	3.46	5.14	10.9	
误差	0.09	6					

3.4.6 IMEP 分析

表 3.19 所示为换气过程关键结构参数与 IMEP 相关性分析。h_i、h_e、γ 与平均指示压力负相关，β_i、β_e 与平均指示压力正相关。其中，h_i、h_e 与平均指示压力中等程度相关，β_i、β_e、γ 与 IMEP 极弱相关。

表 3.19　　　　　　　　换气过程关键结构参数与 IMEP 相关性分析

	h_i (−)	β_i (−)	h_e (−)	β_e (−)	γ (°)
IMEP（MPa）	−0.463	0.124	−0.411	0.167	−0.124

IMEP 计算结果极差分析如表 3.20 所示，因素对 IMEP 大小的影响程度依次为 A > C > E > B > 误差 > A×B > C×D > A×C，即进气口高度冲程比 > 排气口高度冲程比 > 曲拐偏移角 > 进气口宽度比 > 误差 > 进气口高度冲程比与进气口宽度比的交互作用 > 排气口高度冲程比与排气口宽度比的交互作用 > 进气口高度冲程比与排气口高度冲程比的交互作用。结合相关性分析可知，进气口高度冲程比是影响 IMEP 大小的首要因素。

表 3.20　　　　　　　　　　　IMEP 计算结果极差分析

	A	B	A×B	C	A×C	D	E	C×D	误差
均值 1	12.534	12.294	12.3645	12.514	12.3225	12.303	12.361	12.308	12.35867
均值 2	12.366	12.444	12.424	12.37	12.3535	12.397	12.48	12.442	12.33333
均值 3	12.218	12.379	12.329	12.233	12.4415	12.418	12.277	12.3675	12.42567
极差	0.316	0.15	0.1395	0.281	0.1205	0.115	0.203	0.134	0.144

IMEP 计算结果方差分析如表 3.21 所示，由因素的显著性检验可知进气口高度冲程比对 IMEP 影响显著。交互作用对 IMEP 没有显著影响，因此通过表 3.21 中的均值水平可获得最优 IMEP 时 OP2S 换气过程关键结构参数组合为 A1，B2，C1，D3，E2。即进气口高度冲程比为 0.1，进气口宽度比为 0.75，排气口高度冲程比为 0.123，排气口宽度比为 0.7，曲拐偏移角为 8.5°。

表 3.21　IMEP 计算结果方差分析

因素	差方和	自由度	F 比	$F_{0.1}$ 临界值	$F_{0.05}$ 临界值	$F_{0.01}$ 临界值	显著性
A	0.452	2	3.626	3.46	5.14	10.9	*
B	0.102	2	0.818	3.46	5.14	10.9	
A×B	0.198	4	1.588	3.46	5.14	10.9	
C	0.356	2	2.856	3.46	5.14	10.9	
A×C	0.15	4	1.203	3.46	5.14	10.9	
D	0.067	2	0.537	3.46	5.14	10.9	
E	0.188	2	1.508	3.46	5.14	10.9	
C×D	0.168	4	1.347	3.46	5.14	10.9	
误差	0.37	6					

3.5　本章小结

本章分析了 OP2S 换气过程，在耦合仿真模型体系的基础上，计算分析得到以下结论：

（1）OP2S 换气过程与缸内过程有着强烈的耦合关系，换气过程关键结构参数的变化不仅直接影响了发动机的换气品质，同时对发动机压缩比、膨胀比也有着决定性的影响。因此采用传统二冲程柴油机换气过程评价指标评价 OP2S 换气过程过于片面，OP2S 换气过程评价参数不仅有给气比、捕获率及扫气效率，还应加入指示热效率及平均指示压力。

（2）随着曲拐偏移角的增加，扫气持续期不断降低导致给气比整体呈下降的趋势，但是捕获率呈上升趋势，扫气效率随曲拐偏移角增加而增加。给气比随进气口的高度及宽度比增大而增大，给气比随排气口的高度及宽度比增大而增大。捕获率随进气口的高度及宽度比的增大而减小，随排气口的高度及宽度比增大而减小。扫气效率随进气口的高度及宽度比增大而增大，随排气口高度冲程比和宽度比的增大而降低。

（3）IMEP 随着曲拐偏移角增加呈现先增大后减小的趋势。进气口高度冲程比增加导致发动机有效压缩比降低，排气口高度冲程比增加导致发动机有效膨胀比降低。随着进气口高度冲程比的增加发动机实际压缩比不断降低从而导致了 IMEP 值的下降，同时进气口宽度比的增加使得同一曲轴转角下扫气面积增加，进入气缸内的空气量和喷油量增加使得 IMEP 的值升高。随着宽度比的增加，进气口高度冲程比对 IMEP 的影响逐渐降低，当进气宽度比为 0.9 时，进气口高度冲程比变化对 IMEP 影响很小。排气口高度冲程比增加导致发动机实际膨胀比降低，进气口高度冲程比一定的情况下 IMEP 随排气口高度冲程比增加而降低，宽度比增加导致气缸对新鲜充量的储存能力降低，同时宽度比的增加加速了自由排气过程中缸内的压降，导致气体推动活塞的力降低，使 IMEP 也随着宽度比的增加而降低。

（4）进气口高度冲程比是影响给气比的主要因素，排气口高度冲程比是影响捕获率的主要因素，扫气效率受排气口高度冲程比影响大于进气口高度冲程比。曲拐偏移角是影响发动机指示热效率的主要因素，而进气口高度冲程比是影响 IMEP 的主要因素。

（5）平均指示压力（IMEP）可兼顾扫气效率及循环热效率的影响，适用于 OP2S 换气过程的评价。最优 IMEP 时 OP2S 换气过程关键结构参数组合为：进气口高度冲程比为 0.1，进气口宽度比为 0.75，排气口高度冲程比为 0.123，排气口宽度比为 0.7，曲拐偏移角为 8.5°。

第4章

缸内换气过程的实验研究

基于 OP2S 柴油机原理样机实验平台，在换气过程和"示踪气体法"测试方法理论分析的基础上，提出了"示踪气体法"在 OP2S 柴油机上的具体试验方法，建立了"示踪气体法"实验系统，利用该方法开展了发动机换气过程的试验研究，分析了不同运转工况下进排气状态参数对扫气效率、捕获效率、给气比和捕获空气量的影响，并通过捕获空气量来表征发动机功率输出的潜能。同时，在耗气特性理论分析基础上，结合耗气特性实验，获取了扫气过程等效流量系数，确定了其在不同的进排气状态参数下的耗气特性，可作为增压器匹配分析的基础。

4.1　OP2S 柴油机实验平台

4.1.1　OP2S 柴油机实验台架

OP2S 柴油机通过曲轴的错拐结构，实现了对置活塞控制气口开闭的"气口—气口"式直流扫气的不对称扫气，采用排气口提前开启、进气口滞后关闭实现充足的自由排气和后充气方式，达到优化充气效率的作用（其中 OP2S 发动机的主要技术参数见表 4.1）。

表 4.1　　　　　　　　　　　　　OP2S 发动机的主要技术参数

参数名称及单位	参数值	参数名称及单位	参数值
缸径（mm）	100	排气口开启范围（°CA）	101～247
冲程（mm）	110×110	扫气口开启范围（°CA）	121～251
标定功率（kW）	170/（2500r·min⁻¹）	几何压缩比	22
最大扭矩（N·m）	776/（1600r·min⁻¹）	实际压缩比	15.8
有效排量	2.6L	曲拐夹角（°）	8.5

　　OP2S 柴油机原理样机实验台架系统及数据采集系统原理图如图 4.1 和图 4.2 所示，台架系统由 OP2S 柴油机原理样机、空气进气系统、发动机电子控制单元和实时标定系统、发动机数据采集系统，以及后台实验数据处理系统组成。

　　其中 OP2S 柴油机原理样机由北京理工大学研制开发。发动机数据采集系统主要包括对功率、曲轴信号、缸内压力、进气压力、排气压力、进气温度、排气温度、进气流量、增压器转速和耗功等数据的采集。

图 4.1　OP2S 柴油机原理样机实验平台

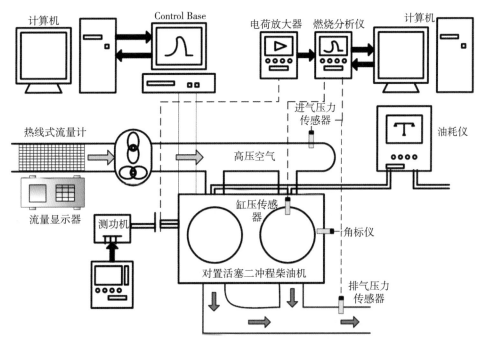

图 4.2　数据采集系统原理

其中发动机输出功率、扭矩的采集是通过使用南峰 CW100 测功机实现的，最大可吸收功率为 160kW，最大转速 10000r/min，扭矩测量精度为 ±0.2% FS，转速测量精度为 ±1r/min；曲轴信号的采集是通过 Kistler 2614B 角标仪获得发动机曲轴信号，它与曲轴同轴安装并随曲轴同步运动，采样精度为 0.2℃A；缸内压力传感器采用 Kistler 公司的 6056A 缸压传感器，其压力测量范围为 0～25MPa，温度范围为 -50℃～400℃，固有频率为 130kHz，线性精度为 ±0.6% FS，灵敏度漂移小于 ±1.5%；进气压力的测量采用 Kistler 公司的 4005BA5FA0 瞬态压力传感器，其压力测量范围为 0～0.5MPa，温度范围为 -50℃～400℃，固有频率为 130kHz，线性精度为 ±0.6% FS；进气流量的测量采用 TOCEIL-20N125 热式进气流量传感器，流量范围为 0～1200kg/h，误差为 1% FS。

控制系统在快速原型工具 Controlbase 的平台下，综合考虑了 OP2S 柴油机的各个运行工况，利用软件 Matlab/Simulink 编程设计，实现了喷油正时、喷油量、轨压及发动机转速等参数的精确控制。通过 Controlbase 平台可采集的数据有发动机循环喷油量、发动机瞬时转速、进气压力、温度等参数。

4.1.2 OP2S 柴油机进排气系统

4.1.2.1 进气系统

图 4.3 为 OP2S 原理样机的进气系统，由三相异步电机、Rotrex C38 – 61 机械增压器、机械增压润滑系统、热式质量流量传感器等组成。

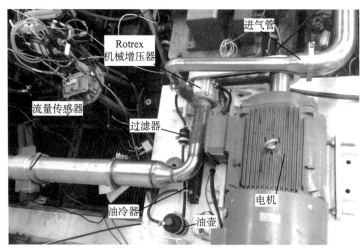

图 4.3　OP2S 机械增压系统实验平台

Rotrex 机械增压器结构紧凑、体积小，容易安装和布局，重 6kg，噪声小，最大传动效率高达 97%，输出叶轮的转速最高可达到 90000r/min，且内部带有传动比为 7.5 的增速装置，叶轮转速达到最大，增压器最大输入转速只需 12000r/min。

Rotrex 机械增压器由三相异步交流电机直接驱动，传动比为 1.33。电机的最高转速为 6000r/min，最大输出功率为 30kW。电机转速可手动精确调节，并配有显示仪表，同时可以显示电机转速、消耗功率等。根据发动机不同工况对耗气量的需求可实现对增压器转速的精确控制，从而与原理样机实现较好的匹配。

Rotrex 机械增压器采用单独的润滑系统，如图 4.4 所示，包括油冷却器、油滤、油壶和专用润滑油。为提高 Rotrex 机械增压器性能，Rotrex 公司特别开发了专用的全合成机油 "Synthetic Hydrocardon Oils SX100"，SX100 在高压力下，能瞬间增加表面黏度，在冷却和保护系统的同时确保滚动体之间获得最佳的摩擦来提高牵引驱动的性能。

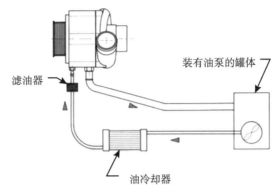

图 4.4　机械增压润滑系统原理

4.1.2.2　排气压力调节系统

由 OP2S 柴油机工作的特点可知，排气压力的大小对发动机的工作过程有较大的影响。为了能够研究进排气压差对发动机换气过程的影响，实现对进排气压力差的实时可调，排气压力调节系统采用手动调节蝶阀，如图 4.5 所示，通过调节蝶阀的开度来调节排气压力的大小。

图 4.5　排气压力控制阀

4.2 换气品质参数测试方法与实验装置

捕获效率的测量难度较大，这是因为捕获效率随着缸内混合的情况、流速、排气调谐和很难预测的其他物理现象而变化，因此实际的捕获效率的测量只有通过实验和三维 CFD 仿真的方法来获得。针对 OP2S 柴油机的换气过程的研究，本节通过对比不同的实验方法，决定采用示踪气体实验方法，并从以下几点展开分析换气过程理论及实验方法。

4.2.1 扫气效率测试方法

捕获效率的测量方法很多[86~90]，最常用的方法主要有缸内采样法和示踪气体法[80,91]。

4.2.1.1 缸内采样法[92]

缸内采样法是在发动机缸盖或气缸套上安装气体取样阀，利用其很短的开闭时间在扫气过程前后抽出气体样本，测量其中二氧化碳和氧气的浓度，并以此计算扫气效率，如式（4.1）所示。

$$\eta_s = 1 - \frac{(CO_2)_C / (CO_2)_E}{1 - (H_2O)\left[1 - (CO_2)_C / (CO_2)_E\right]} \tag{4.1}$$

式中，$(CO_2)_C$ 为压缩过程中（喷油前）二氧化碳的浓度，$(CO_2)_E$ 为燃烧气体中（排气门开启前的气体）二氧化碳的浓度，H_2O 为燃烧气体中水蒸气的浓度。

设水蒸气 $H_2O = 0$，则扫气效率可以写成：

$$\eta_s = 1 - (CO_2)_C / (CO_2)_E \tag{4.2}$$

缸内采样法虽然精度较高，可靠性好，但要求对所测发动机的气缸结构进行修改，并且需要一个很好的实验环境，费用较高，因此其应用平台受到限制。

4.2.1.2　示踪气体法

区别于缸内采样法，不需要对发动机进行任何修改，而且精度高。科罗拉多州立大学[91]通过采用"缸内采样法"来评价"示踪气体法"的精度，研究表明"示踪气体法"与"缸内采样法"具有同样的精度。示踪气体法是在进气管中注入少量的示踪气体，被捕获在缸内的示踪气体在燃烧过程中被破坏，而短循环部分的示踪气体出现在排气中，通过比较进气和排气中的示踪气体的摩尔系数对短循环系数和捕获效率进行量化。该方法的关键在于选择合适的示踪气体。常用示踪气体有甲胺、丙酮、丁烷、N_2O_2、甲烷[42]等。

该方法捕获效率 η_{tr} 可以用如下公式表示：

$$\eta_{tr} = 1 - \frac{短路的新鲜充量}{给气量} = 1 - \frac{排气中的示踪气体量}{给气中的示踪气体量} \tag{4.3}$$

4.2.2　示踪气体法的原理

在测量运行中发动机的换气品质时，示踪气体法是最简单且精度较高的方法，该方法可以直接测量直流扫气二冲程发动机在扫气过程中的捕获率，并通过采集到的进气流量、进气压力、进气温度等实验数据较准确地计算出扫气效率、给气比和捕获空燃比。示踪气体法工作原理如图 4.6 所示，在进行示踪气体实验时，少量的示踪气体被连续地注入进气道与进气相混合。被捕获在缸内的示踪气体在燃烧过程中完全燃烧，短路部分的示踪气体则出现在排气气流中。理想的示踪气体在燃烧温度下完全燃烧分解，在排气温度下稳定存在。通过比较进气和排气中的示踪气体的摩尔系数来量化短循环系数和捕获效率。

气体的摩尔系数的表示方法有两种：质量浓度（mg/m^3）和体积浓度（ppm）。这两种表示方式都有意义，使用质量浓度的单位（mg/m^3）来表示某组分的浓度可以方便计算出该物质的真正量。但质量浓度与被检测气体的温度、压力环境条件有关，其数值会随着温度、气压等环境条件的变化而不同，实际测量时需要同时测定气体的温度和大气压力。而在使用体积浓度（ppm）来描述组分浓度时，由于采取的是体积比，不会出现以上问题。因此，本章通过检测进气管和排气管中的示踪气体体积浓度来计算捕获率和短循环系数。

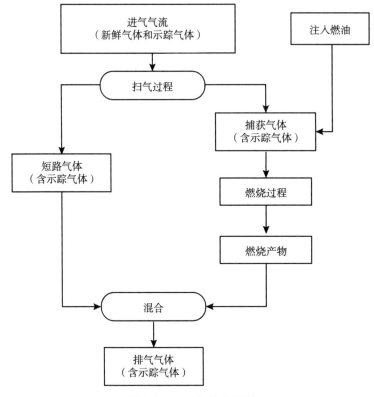

图 4.6 示踪气体法原理

4.2.2.1 假设与边界

示踪气体法[93,94]要求一些关键的假设来提供精确的结果，主要包括以下几个方面：

（1）示踪气体化学性质明显且容易检测；

（2）进气充分混合，示踪气体的浓度低从而保证不影响发动机工作；

（3）捕获在缸内的示踪气体完全燃烧；

（4）排气充分混合，且在排气中不会反应。

其中，假设（3）和假设（4）非常重要，如果捕获在缸内的示踪气体没有充分燃烧，会导致测量的示踪气体浓度变大，得到的捕获率预测值偏低；如果排气温度达到示踪气体的反应温度，会导致排气中测量的示踪气体浓度变小，得到的捕获效率预测值偏高。而这两个因素在某种程度上能够相互抵消，这种效应在实验中很难确定。

4.2.2.2　示踪气体的选择

为了获得精确的实验结果，选择合适的示踪气体非常重要。示踪气体应具有以下几个特点：

（1）容易操纵且安全。

（2）化学性质明显且通过普通的气体分析仪可以容易地探测到。

（3）可燃，区别于发动机燃油和燃烧后的产物。在缸内，燃烧温度可以完全分解示踪气体。

（4）在进气系统、排气系统和采样系统中稳定，并且不能出现在燃烧产物中。

目前，符合以上条件且常用的示踪气体有甲烷、氧化亚氮（笑气）、六氟化硫和甲胺。六氟化硫有毒，甲胺容易附着在金属上（尤其是不锈钢），而甲烷分子结构简单，引燃温度为538℃，缸内燃烧温度能够满足甲烷的引燃条件，同时 OP2S 柴油机在低负荷时排气温度远远低于甲烷的引燃温度。综上所述，本章选择甲烷作为示踪气体。

4.2.3　扫气效率实验装置

图 4.7 所示为示踪气体法测扫气效率实验装置原理。装置分三部分：示踪气体注射系统如图 4.8 所示，发动机进排气采样点如图 4.1 所示，示踪气体采集分析系统如图 4.8 所示。

示踪气体注射系统实验台如图 4.8 所示，用于将示踪气体甲烷注入进气管与进气均匀混合。压力调节阀、压力表、微型流量计及稳压器用于监测和控制甲烷的流量，并控制示踪气体与进气混合后的浓度在 3000ppm 以内。由于增压后进气管内的压力变化较大，并发生周期性的波动，因此采用稳压器来保证甲烷匀速注入进气管中。

甲烷的注射点如图 4.9 所示位于增压器的出口处，与高速进气发生混合。如图 4.1 所示的进气采集点距离注射点约 4.2m，可以认为示踪气体与进气发生了均匀混合[80]，排气采集的位置距离排气口约 0.8m。进气采集点位置对进气摩尔系数的影响主要因素为甲烷与进气流的混合程度，而排气采集点位置对排气摩尔系数的影响主要因素为排气温度是否会造成示踪气体的消耗或燃烧。

如图 4.10 所示，美国科罗拉多州立大学研究了在排气歧管不同的采集位置对排气摩尔系数的影响，发现采集点位置对实验精度的影响较小。本章采用的示踪气体为甲烷，其引燃温度为 538℃，对于 OP2S 柴油机来说，随着进排气压差的增加，排气温度有下降趋势，并且远低于甲烷的引燃温度。

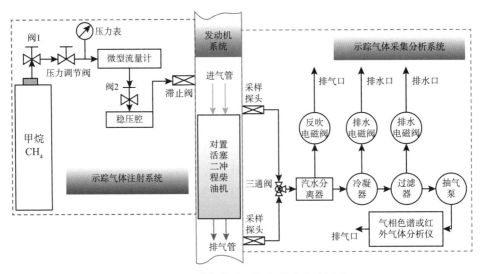

图 4.7　示踪气体法测扫气效率实验原理

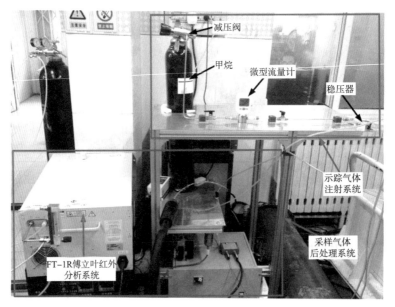

图 4.8　示踪气体注射、采集分析系统

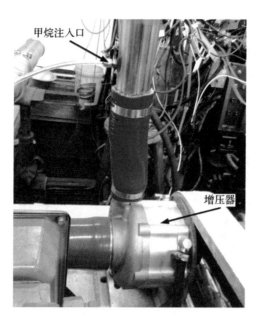

图 4.9　示踪气体注入点

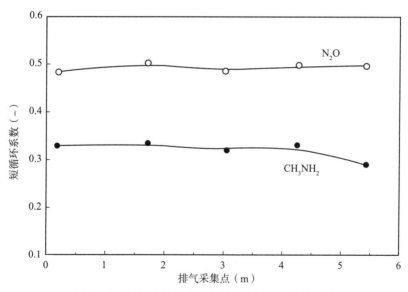

图 4.10　排气歧管采集点位置对短循环系数的影响

示踪气体采集分析系统包括样气采集和样气分析两部分。如图 4.1 所示，通过在进气歧管和排气管上加装气体采集管抽取样气，从进气歧管采集的样气不需冷凝，直接被抽入精滤，过滤后的气体被送入傅里叶红外气体分析系统中进行分析；而从排气管中采集到的样气需要先经过汽水分离器、冷凝器和精滤，处理后的气体被送入傅里叶红外气体分析系统进行分析，如图4.11所示。

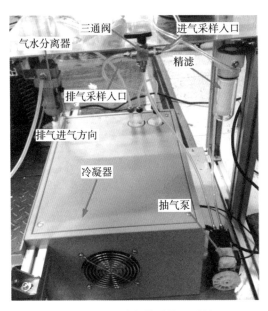

图4.11　示踪气体后处理系统

4.2.4　换气品质参数测定

换气品质参数主要包括给气比、捕获率和扫气效率。

4.2.4.1　给气比的测定

给气比可以通过公式（4.4）计算获得：

$$l_0 = \frac{G_S}{G_R} = \frac{G_s/dt}{V_h \cdot \rho_s \cdot N_{cyl} \cdot n} = \frac{g_s}{V_h \cdot \rho_s \cdot N_{cyl} \cdot n} \tag{4.4}$$

式中，进气流量 g_s 可以通过采用热式流量计测得（单位：kg/s），V_h 为发动机单缸排量（单位：L），n 为发动机缸数，进气密度由式（4.5）计算得到。

由理想气体状态方程可得进气管状态下的进气密度为：

$$\rho_s = \frac{p_s M}{R T_s} \tag{4.5}$$

式中，T_s 为进气温度（单位：K），p_s 为进气压力（单位：Pa）。

4.2.4.2　捕获率的测定

根据示踪气体法的测试原理可得气体质量分配的示意图（见图4.12），其中 m_{air} 表示进入气缸的新鲜空气的质量，m_{scav} 表示扫气过程中短路的气体质量，m_{trap} 表示捕获在缸内的气体质量，m_{exh} 表示排出气缸的气体质量。

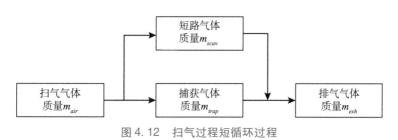

图4.12　扫气过程短循环过程

根据气体质量守恒定律可得到下式：

$$m_{air} = m_{trap} + m_{scav} \tag{4.6}$$

根据示踪气体质量守恒可得到下式：

$$m_{air} \cdot W_{tracer.\,air} = m_{trap.\,tracer} + m_{scav} \cdot W_{tracer.\,scav} \tag{4.7}$$

式中，$W_{tracer.\,air}$ 为总扫气量中示踪气体的质量分数，$m_{trap.\,tracer}$ 为捕获在缸内的示踪气体的质量，$W_{tracer.\,scav}$ 为在短路气体中示踪气体的质量分数。

由于短路的示踪气体质量可近似等于排气中示踪气体质量，因此式（4.7）可写成：

$$m_{trap.\,tracer} = m_{air} \cdot W_{tracer.\,scav} - m_{exh} \cdot W_{tracer.\,exh} \tag{4.8}$$

式中，$W_{tracer.\,exh}$ 为示踪气体在排气中的质量分数。

由于捕获效率是换气结束（气口全部关闭）后存留在气缸中的新鲜气体量与每循环进入气缸的全部扫气气体量之比，根据第3章式（3.2），捕获效率可以用下式表示：

$$\eta_{tr} = \frac{G_0}{G_S} = \frac{m_{trap.\,tracer}}{m_{air} W_{tracer.\,air}} = 1 - \frac{m_{exh} W_{tracer.\,exh}}{m_{air} W_{tracer.\,air}} \tag{4.9}$$

因此可得：

$$\eta_{tr} = 1 - \frac{m_{exh} W_{tracer.\,exh}}{m_{air} W_{tracer.\,air}} = 1 - \frac{m_{exh} \dfrac{m_{tracer.\,exh}}{m_{exh}}}{m_{air} \dfrac{m_{tracer.\,air}}{m_{air}}}$$

$$= 1 - (1 + (F/A)_{ov}) \left(\frac{X_{t \cdot e} \dfrac{M_{tracer.\,exh}}{M_{exh}}}{X_{t \cdot i} \dfrac{M_{tracer.\,air}}{M_{air}}} \right) \tag{4.10}$$

由于进排气中示踪气体的摩尔质量相等，即 $M_{tracer.\,exh} = M_{tracer.\,air}$，因此捕获率为：

$$\eta_{tr} = 1 - (1 + (F/A)_{ov}) \left(\frac{X_{t,e} M_{air}}{X_{t,i} M_{exh}} \right) \tag{4.11}$$

式中，m_{fuel} 为燃油质量，M 和 n 分别为摩尔质量和摩尔数，$X_{t,e}$ 为示踪气体在排气中的摩尔浓度，$X_{t,i}$ 为示踪气体在进气歧管中的摩尔浓度，M_{air} 和 M_{exh} 分别为空气摩尔质量和排气摩尔质量，$(F/A)_{ov}$ 为全局空燃比。

4.2.4.3　扫气效率的计算

扫气效率可以采用下式计算获得：

$$\eta_s = \eta_{tr} \cdot l_0 \tag{4.12}$$

4.2.5　实验误差原因分析

在示踪气体的分析过程中，定义了三个可量化的、非理想的、潜在的示踪剂的影响。这三个量分别是示踪气体在气缸中不完全反应、在排气中示踪剂被破坏和发动机失火的影响[80,87]。发动机失火包括非理想的示踪气体的影响，因为在失火期间，示踪气体通常是不反应的。然而，这实际上是表明不稳定燃烧，而不是示踪剂的消极的特征。为了解释这些影响，定义了以下三个参数：

4.2.5.1　缸内反应率

$$\eta_{cr} = \frac{G_r}{G_z} \tag{4.13}$$

式中，G_r 为捕获在缸内示踪气体质量，G_z 为捕获在缸内气体的总质量。

4.2.5.2　排气反应率

$$\varepsilon_r = \frac{G_{r,exh}}{G_{z,exh}} \tag{4.14}$$

式中，$G_{r,exh}$ 为示踪气体在排气中的反应量，$G_{z,exh}$ 为示踪气体进入排气的总量。

4.2.5.3　失火系数

$$f_{mf} = \frac{N_{mf}}{N_z} \tag{4.15}$$

式中，N_{mf} 为失火的循环数，N_z 为采样循环总数。

如果以上三个非理想示踪气体因素对捕获效率的测量影响较大，那么应该使用这些参数对捕获效率计算公式（4.11）进行修正，由于修正的公式与式（4.11）的推导过程类似，此处就不再重复，修正后的公式如下：

$$\eta_{trcp} = 1 - \frac{(1 + (F/A)_{ov}) X_{t,e} M_{air}}{(1 - \varepsilon_r)(\eta_{cr} - f_{mf}) X_{t,i} M_{exh}} + \frac{1 - \eta_{cr} + f_{mf}}{\eta_{cr} - f_{mf}} \tag{4.16}$$

4.3　OP2S 柴油机换气品质影响研究

一种良好的换气方案要选用适当的进排气压力和压力差，增大压差虽能提高扫气效率，但随之也会消耗更多的扫气压缩功或产生较大的逃逸损失。为此本节通过采用示踪气体的实验方法，针对进排气状态参数对 OP2S 原理样机的换气过程的影响进行实验研究，并对该发动机在不同的进排气状态参数下的扫气特性进行分析研究。

4.3.1　采集测量方法

在实验过程中将原理样机的循环水温控制在（80±2）℃之内，实验转速分别取 800r/min、1200r/min、1500r/min；载荷稳定在（20±1）N·m；排气背压的调节通过改变蝶阀的开度来实现；进气压力的调节通过控制增压器转速来实现；增压器转速调节范围为 15000～55000r/min，每隔 5000r/min 测一组数据。采样气体后处理冷却系统的温度需稳定在 0～4℃，待原理样机的转速、水温和捕获空燃比等稳定后，开始调节减压阀的压力使甲烷的注入流量保持稳定，当发动机稳定运转 2min 后，从图 4.1 所示的进气采样点和排气采样点同时抽取气体，并将处理后的样气送入 FT - IR 傅里叶红外分析系统进行分析，待红外分析系统显示的数据稳定后，开始对数据进行采集，每个工况取 10 组数据求其平均值。

4.3.2 测量结果及影响因素分析

如表 4.2 所示为不同工况下对进排气中的甲烷浓度的测量结果，其中字母 A、B 和 C 分别代表转速 800r/min、1200r/min 和 1500r/min。其中，进排气摩尔浓度的测量是使用美国 MKS 公司生产的 MGS300 傅里叶红外分析系统，该系统测量甲烷的量程为 0 ~ 3000ppm，其精度为 ±0.2% FS。进气压力和排气压力的测量分别采用 Kistler 公司的 4005BA5FA0 和 4049A5S 瞬态压力传感器，表中的进排气压力值为 200 个循环的平均值。

表 4.2   甲烷测量结果

工况	进气流量 （kg·s⁻¹）	进气温度 （K）	进气压力 （MPa）	排气背压 （MPa）	进气摩尔浓度（ppm）	排气摩尔浓度（ppm）	捕获率（%）
A - 1	0.030	296	0.108	0.106	885.6	94.2	89.4
A - 2	0.042	295	0.111	0.107	802.8	127	84.0
A - 3	0.060	296	0.115	0.108	890	225	74.7
A - 4	0.081	300	0.120	0.110	853	364	57.3
A - 5	0.098	303	0.125	0.113	879	433	50.7
A - 6	0.114	308	0.132	0.117	1236.5	714	42.2
A - 7	0.136	312	0.139	0.120	1261.2	798	37.0
A - 8	0.156	320	0.148	0.126	833.4	550	34.0
A - 9	0.177	324	0.157	0.132	543	364	32.8
B - 1	0.031	294	0.106	0.103	2856	203.4	92.9
B - 2	0.047	294	0.108	0.104	2334.7	242.5	89.6
B - 3	0.062	296	0.111	0.105	970.9	131.3	86.5
B - 4	0.078	298	0.115	0.106	1824.8	365.1	80.0
B - 5	0.099	301	0.119	0.107	1803.5	533.2	70.4
B - 6	0.122	305	0.124	0.108	746.7	340.0	54.5

续表

工况	进气流量 (kg·s⁻¹)	进气温度 (K)	进气压力 (MPa)	排气背压 (MPa)	进气摩尔浓度 (ppm)	排气摩尔浓度 (ppm)	捕获率 (%)
B－7	0.152	311	0.129	0.110	621.5	347.1	44.2
B－8	0.180	318	0.136	0.112	673.0	402.0	40.3
B－9	0.207	321	0.143	0.115	368.0	232.9	36.7
C－1	0.042	300	0.110	0.105	2475.5	185.5	92.5
C－2	0.057	305	0.114	0.106	2850	385	87.3
C－3	0.081	301	0.117	0.107	2772.9	498.3	82.0
C－4	0.103	303	0.121	0.108	1708	365.4	78.6
C－5	0.119	307	0.126	0.110	877	243	72.3
C－6	0.139	310	0.131	0.112	1900	712	63.2
C－7	0.171	314	0.138	0.114	1610	803	50.3
C 8	0.195	328	0.145	0.117	2492	1408	44.0

影响进排气中甲烷含量精度的因素主要有以下几个方面：（1）注射甲烷与进气的混合程度，它同注射点与进气采样点的距离和进气管直径大小有关，本文参考奥尔森等（Olsen et al.）[87]中的结论对进气管进行设计。（2）当排气温度达到示踪气体的引燃温度时，会导致示踪气体发生反应。而 OP2S 原理样机在低负荷工况下[95]的排气温度低于 150℃，因此，排气反应率 ε_r 可以忽略不计。（3）缸内温度和过量空气系数对缸内示踪气体反应效率的影响。针对 OP2S 原理样机[95~97]已经做了相关的仿真和实验研究，其中谢钊毅等[95]表明：在转速为 1200r/min 低负荷时，整个主燃期内燃烧温度均大于 811K，大于甲烷的引燃温度如图 4.13 和图 4.14 所示，其中图 4.14 所示为不同负荷对燃烧温度的影响。另外，为使喷入缸内的燃油和甲烷能够完全燃烧需保证捕获空燃比大于 20，且注入的甲烷浓度不超过 3000ppm。因此，可以认为封存在缸内的甲烷能够完全燃烧。（4）失火系数 f_{mf} 对测量精度的影响。在气体的采样过程中，通过采用燃烧分析仪实时监测缸压的变化，保证采样过程中没有失火现象发生。（5）采样气体后处理系统和傅里叶红外分析仪中会残留上一工况混合气体，因此，需要进行一定时间的吹扫，当傅里叶红外分析仪的测量数据稳定后开始记录。

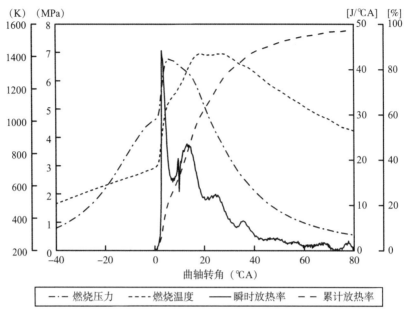

图 4.13　对置二冲程柴油机缸内平均压力、温度与放热率

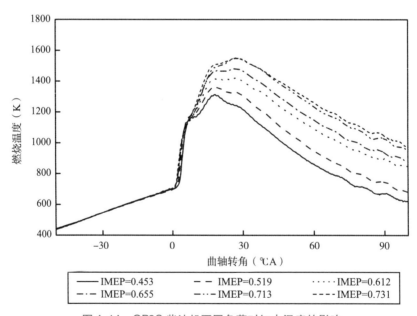

图 4.14　OP2S 柴油机不同负荷对缸内温度的影响

通过对甲烷测量精度的影响分析可知，缸内反应效率、排气反应效率及进气混合程度等对甲烷测量计算的影响较小，并在实验过程确保采样过程中没有失火现象。因此，在表 4.2 中捕获率的计算可以根据公式（4.11）计算获得。

4.3.3　压差对换气品质的影响

图 4.15 所示为不同转速时进排气压差对给气比的影响。从图中可以看出，当发动机转速一定时，给气比随着进排气压差的增大而升高；当进排气压差一定时，给气比随着转速的升高而降低，而且这种趋势随着扫气压差的升高越来越明显。这是由于，当发动机转速一定时，换气过程的持续时间一定，进排气压差越大，越有利于新鲜充量进入气缸，给气比越大；当进排气压差一定时，发动机转速越高，换气过程的持续时间越短，新鲜充量进入气缸的时间越短，进入气缸的新鲜充量越少，给气比越小。因此，扫气压差与发动机转速是影响给气比的两个主要因素。

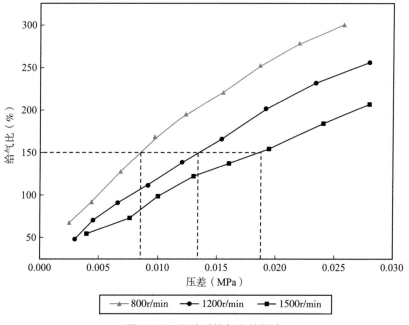

图 4.15　压差对给气比的影响

如图 4.16 所示为不同转速时进排气压差对捕获效率的影响。由图中可以看出，当发动机转速一定时，捕获率随着进排气压差的升高而降低。这是由于，当转速一定时，随着压差的增大，给气总量增大，而捕获在缸内的气体量变化相对给气量而言增幅较小。另外，在相同的压差下，转速越小，捕获率越小。其主要原因是转速越低，换气持续时间越长，扫气量也就越多。

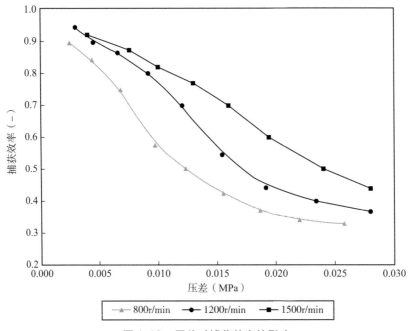

图 4.16   压差对捕获效率的影响

如图 4.17 所示为不同转速时进排气压差变化对扫气效率的影响。由图中可以看出，当发动机转速一定时，扫气效率随着进排气压差的升高而升高；当进排气口的压力差达到一定值后，扫气效率便趋于稳定，继续增加扫气压差，除了能够增加泵气损失外，对改善扫气效率的作用很小。在不同的转速下，达到相同的扫气效率，转速越高，所需要的压力差越大。其主要原因是转速越高，扫气持续时间越短，对残余废气的清扫也越困难。

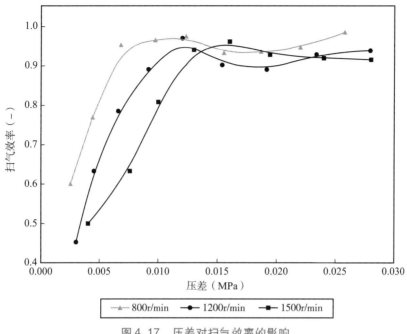

图 4.17 压差对扫气效率的影响

4.3.4 压差对捕获空气量的影响

由于实验中排气压力随着进气压力的变化而变化，不可主动控制，而捕获在气缸内的新鲜充量与排气口关闭时的排气压力有关，排气压力越大，排气口关闭后缸内的压力也就越大，使得缸内密度增加，但前提是要有足够大的给气比。当给气比较小时，残余废气不能完全清扫，从而影响新鲜充量的封存量。因此，针对压差、排气背压和给气比等参数对捕获空气量的影响进行分析研究。图 4.18 和图 4.19 分别为压差对捕获空气量的影响和给气比与捕获空气量的关系。

从图 4.18 和图 4.19 中可以看出：

（1）在转速一定的情况下，当进排气压力差较小时，压差对捕获空气量的影响较大，随着压差的不断升高，不同转速的捕获空气量分别在压差达到一定值后，增加幅度逐步趋于平缓，并且从图中可以看出，转速越低，趋于稳定所需要的压差越小。出现这种情况的原因与在换气过程中所消耗的扫气总量有密切的关系，从给气比的定义可以知道：扫气总质量越大，给气比就越大。其中给气比的大小完全由扫气压差的大小来决定，扫气压差越大，给气比也越大，

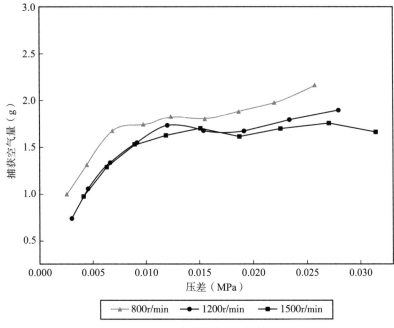

图 4.18　压差对捕获空气量的影响

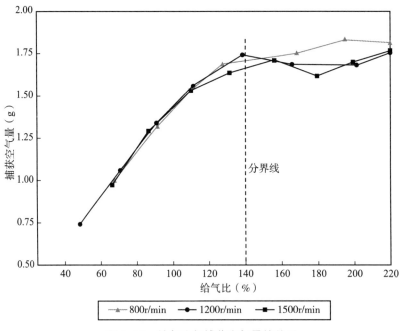

图 4.19　给气比与捕获空气量的关系

如图 4.15 所示。因此，可以用给气比与捕获空气量的关系来解释压差对捕获空气量的影响。假设排气背压一直保持不变，理想的扫气过程给气比为 100% 时，缸内的残余废气被新鲜充量完全置换且还没有发生短路，此时缸内的新鲜气体量达到最大，随着给气比的继续增加，缸内的新鲜充量不再增加，多余的气体全部发生短路。由于 OP2S 柴油机的换气过程介于理想扫气过程与完全混合扫气过程之间，当缸内新鲜充量达到最大，相应给气比一定会大于 100%，从图 4.19 中可以看出，给气比为 140% 时缸内新鲜充量的增幅减小。而对应 3 个转速，给气达到 140% 所需要的压差分别为 0.0075MPa、0.0117MPa、0.0158MPa。

（2）在相同的压差下，转速为 800r/min 的曲线相比较其他两条曲线整体捕获空气量偏高，其他两个转速的曲线趋势较一致。而且当曲线达到拐点后，随着压差的继续增加，各转速捕获在缸内的空气量有小幅的增加，其中转速为 800r/min 时，增加的幅度较其他两个转速大。出现以上规律的主要原因是：排气压力对捕获空气量有较大的影响，排气背压越高，排气口关闭后缸内气体密度越高，因此，提高排气背压是二冲程实现增压的主要条件之一。从图 4.18 和图 4.20 可知，1200r/min 和 1500r/min 的排气压力曲线和捕获空气量曲线较

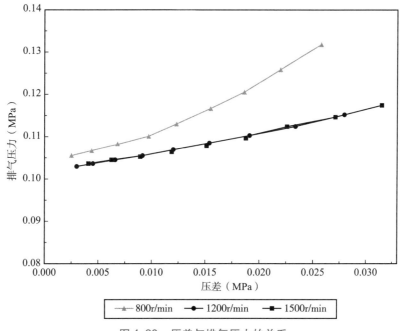

图 4.20   压差与排气压力的关系

一致(除了1200r/min捕获空气量的拐点比1500r/min提前),而由于800r/min(排气蝶阀的开度为50%)的排气压力整个高于其他两个转速(排气蝶阀全开),所以捕获在缸内的空气量也比其他两个转速高。因此,为了提高捕获在缸内的新鲜充量,可以通过提高进排气压力差和提高排气压力来实现。

4.3.5 OP2S 柴油机扫气特性分析

如图4.21所示,完全清扫模型曲线与完全混合模型曲线作为参照曲线与实验数据进行对比,进而观察OP2S柴油机的扫气特性。图中的实验数据均通过示踪气体的方法获得。从图中可以看出,由于OP2S柴油机采用直流扫气方式,扫气效果比较好,因而实验数据更加符合完全清扫模型。

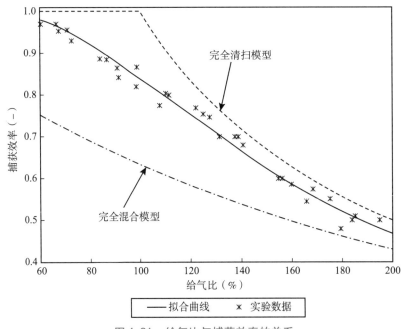

图4.21 给气比与捕获效率的关系

为了能够对OP2S柴油机的换气品质参数进行预测,本章对实验数据进行了拟合,拟合曲线如式(4.17)所示。由于给气比的测量难度较小,通过该公式可以较为精确地获得捕获效率及扫气效率。

$$\eta_{trap} = 1.016 + 0.148 l_0 - 0.436 l_0^2 + 0.11 l_0^3 \tag{4.17}$$

式中，给气比的取值范围为 60% ~ 200% 。

图 4.22 所示为给气比与扫气效率的关系，并采用完全清扫模型和完全混合模型作为参照曲线与实际 OP2S 柴油机扫气效率曲线进行对比，图中的曲线为对实验数据进行拟合后的结果，扫气效率随着给气比增加而升高，当给气比大于 140% 后，给气比对扫气效率的影响减弱，继续增大给气比只能增加泵气损耗，因此，当以经济性为优化目标时，给气比不宜大于 140% ；而当给气比低于 50% 时，失火循环数明显增加，扭矩下降，发动机的运转状况恶化。所以，本章提出以发动机稳定运行并兼顾较小的泵气损失为优化目标，给气比应选取的范围为 50% ~ 140% 。

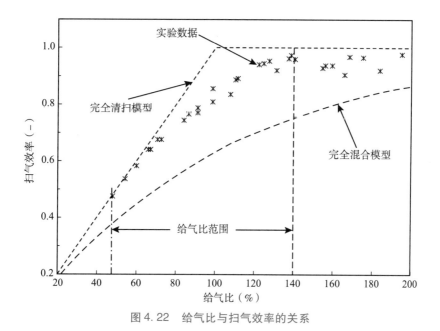

图 4.22 给气比与扫气效率的关系

4.4 OP2S 柴油机耗气特性影响研究

针对 OP2S 柴油机增压匹配和仿真模型流量校核的需求，本节主要对原理样机的耗气特性进行实验研究。本节通过稳态实验的实验结果与耗气特性理论计算联合获得 OP2S 柴油机的等效流量系数，针对不同参数对耗气特性的影响进行分析研究。

4.4.1 OP2S 柴油机耗气特性

发动机的耗气特性也称发动机的流通特性，它表示单位时间内通过发动机的空气质量流量与发动机转速和增压压力之间的关系。通过发动机的空气流量是以循环流量的平均值表征的，而且由于换气期间发动机进排气口是同时开启的，因而 OP2S 柴油机可用一个"等效流通面积"来代替。与四冲程发动机相比，二冲程发动机转速变化时，气口开启和关闭的快慢发生变化，除了引起气流脉冲对总压有所影响以外，对循环累积通过气缸的容积流量影响较小，也即通过 OP2S 柴油机气缸的空气流量主要与进气状态（增压状态）以及排气背压和"等效流通面积"有关，而受发动机转速的影响较小。

4.4.1.1 扫气泵绝热效率

扫气泵的绝热效率可以用式（4.18）来表示：

$$\eta_{ad} = \frac{W_{ad}}{W_k} \tag{4.18}$$

式中，η_{ad} 为绝热效率，W_{ad} 为绝热压缩功，W_k 为供给扫气泵的功，包括轴承和传动装置中的损失。若不含这些损失，即仅把扫气泵压缩空气的消耗功定义为 W_{ki}。

机械效率为：

$$\eta_m = \frac{W_{ki}}{W_k} \tag{4.19}$$

内部绝热效率为：

$$\eta_{adi} = \frac{W_{ad}}{W_{ki}} \tag{4.20}$$

由于离心式压缩机的 η_m 较高[80]，可以认为绝热效率近似等于内部绝热效率。如果扫气泵的进气口的温度为 T_0，绝热压缩后的温度为 T'_s，对于 1kg 的空气的绝热压缩功如式（3.21）所示：

$$W_{ad} = i'_s - i_0 = c_p(T'_s - T_0) = c_p T_0 \left[(P_s/P_0)^{(k-1)/k} - 1 \right] \tag{4.21}$$

供给压缩机的能量被用来增加空气的焓。其中一部分传给了冷却水和从周围散失掉，这部分能量为 Q_w。

$$W_{ki} = i_s - i_0 + Q_w = c_p(T_s - T_0) + Q_w \tag{4.22}$$

式中，i_s、T_s 为输出空气的焓和温度。当空气进入离心式压气机时，流动的气体与压气机会因摩擦产生热能。但是，由于其中大部分能量被空气吸收带走，摩擦产生的热能通常可以忽略。因此，假定 $Q_w = 0$，则由式（4.21）和式（4.22）得：

$$\eta_{adi} = \frac{i'_s - i_0}{i_s - i_0} = \frac{T'_s - T_0}{T_s - T_0} = \frac{\left(\dfrac{P_s}{P_0}\right)^{(k-1)/k} - 1}{\dfrac{T_s}{T_0} - 1} \tag{4.23}$$

4.4.1.2　等效流通面积

针对气口—气口式直流扫气二冲程发动机，换气过程只有当进排气口同时打开时才能实现从进气口到排气口的工质置换过程。因此，可用等效流通面积 F_{sa} 来代替进气口流通面积 F_s 和排气口流通面积 F_a，整个换气过程如图 4.23 所示。其中，μ_s、μ_a、μ_r 分别为扫气口流量系数、排气口流量系数和等效流量系数；P_s 为扫气口压力；P_a 为排气背压；ΔP_s、ΔP_a 分别为扫气口前后的压力差和排气口前后的压力差；G 为进气流量；P_x 为缸内压力。

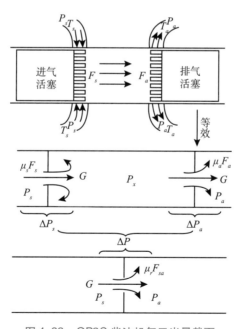

图 4.23　OP2S 柴油机气口当量截面

为了简化计算，做出下列假设：（1）流体是不可压缩的；（2）流体通过气口流通面积处产生的动能为 0（指流体进入和流出气口流通面积的速度相等，没有动能的变化）；（3）各流通面积的流量系数全部相同。

由此得出下列公式：

$$G \approx F_s \sqrt{p_s - p_x} = F_a \sqrt{p_x - p_a} = F_{sa} \sqrt{p_s - p_a} = C$$

$$p_s - p_x = \left(\frac{C}{F_s}\right)^2, \quad p_x - p_a = \left(\frac{C}{F_a}\right)^2, \quad p_s - p_a = \left(\frac{C}{F_{sa}}\right)^2 \tag{4.24}$$

另外，按照电路阻抗的串并联原理，可得等效流通截面可以用进、排气口的流动截面压力表示如下：

$$F_{sa} = \frac{1}{\sqrt{\frac{1}{F_s^2} + \frac{1}{F_a^2}}} = \sqrt{\frac{F_s^2 F_a^2}{F_s^2 + F_a^2}} \tag{4.25}$$

F_{sa} 的瞬时值必须根据 F_s 和 F_a 随曲轴转角的变化关系算出后将 F_{sa} 曲线对曲轴转角进行积分，得到等效流通面积—角度值的积分，即：

$$\int_{\theta_1}^{\theta_2} F_{sa} \mathrm{d}\theta, \quad (m^2 \cdot \theta) \tag{4.26}$$

由于 OP2S 柴油机的气口结构参数已确定，缸内扫气过程的气口开启范围为：125℃A～247.5℃A，排气口的开启范围为：101℃A～247℃A，如图 4.24 所示。在每一工作循环中，等效流通面积只在部分时间内开启一次，将上述积分值除以一个工作循环的曲轴转角，就得到整个工作循环的平均等效流通面积 $\overline{F_{sa}}$，即：

$$\overline{F_{sa}} = \frac{\int_{\theta_1}^{\theta_2} F_{sa} \mathrm{d}\theta}{360}, \quad (m^2) \tag{4.27}$$

4.4.1.3 发动机耗气量

发动机的耗气特性也称发动机的流通特性，它表示单位时间内通过发动机的空气质量流量与发动机转速和增压压力之间的关系。假设气口的流通截面积为 F_{sa}、等效流量系数为 μ_r、扫气口压力为 P_s、排气背压为 P_a、流量参数为 ψ_{sa}，并且气口为定熵流动，v_s 为进气管状态下气体的比容，则在 $\mathrm{d}t$ 时间内通过气口的扫气流量 $\mathrm{d}G_s$ 为[80]：

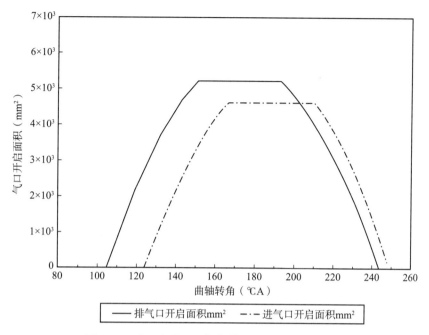

图 4.24　OP2S 柴油机扫气口和排气口时间截面积

$$dG_s = \mu_r F_{sa} \psi_{sa} \sqrt{2g \frac{P_s}{v_s}} dt \qquad (4.28)$$

（1）亚临界流动：

$$\psi_{sa} = \sqrt{\frac{k}{k-1} \left[\left(\frac{P_a}{P_s}\right)^{\frac{2}{k}} - \left(\frac{P_a}{P_s}\right)^{\frac{k+1}{k}} \right]} \qquad (4.29)$$

（2）超临界流动：

$$\psi_{sa} = \left(\frac{2}{k+1}\right)^{\frac{1}{k-1}} \sqrt{\frac{k}{k-1}} \qquad (4.30)$$

超临界流动只发生在排气过程的初期，在扫气过程及排气过程的后期都为亚临界流动。

若用 θ 表示曲轴转角，则 $d\theta = 360 \cdot n dt/60$，为了在气口开启的期间内能流过必要数量的气体，则由式（4.28），必须满足下述关系式：

$$\int \frac{dG_s}{\mu_r \psi_{sa} \sqrt{2gP_s/v_s}} = \int F_{sa} dt = \frac{1}{6n} \int F_{sa} d\theta \qquad (4.31)$$

即对于给定的排气量、缸内状态以及气口前后的压力比来说，为了换气必

须要有一定的 $\int F_{sa} \mathrm{d}\theta$ 值，称为时间截面积。式（4.28）可写成：

$$G_s = \frac{1}{6n}\mu_r\,\psi_{sa}\sqrt{2g\frac{P_s}{v_s}}\int_{\theta_1}^{\theta_2}F_{sa}\mathrm{d}\theta$$

$$= \frac{60\,\mu_r\,\psi_{sa}\,\overline{F_{sa}}}{n}\sqrt{2g\frac{P_s}{v_s}} \tag{4.32}$$

若给气比为 l_0，则有：

$$G_s = l_0\frac{\pi D^2}{4}s\frac{1}{v_0} \tag{4.33}$$

式中，D 为气缸直径（mm），s 为冲程（mm），v_0 为大气状态下气体的比容。

设气口为定熵流动，由 $P_1 v_1^k = P_2 v_2^k$、式（4.32）和式（4.33）联合得出给气比 l_0 如下式所示：

$$l_0 = \frac{60\,\mu_r}{nV_h}\overline{F_{sa}}\sqrt{2gR}\frac{T_0}{\sqrt{T_s}}\frac{p_s}{p_0} \tag{4.34}$$

用扫气泵把气体从 p_0 绝热压缩到 p_s 时的扫气温度假定为 T_s'，内部的绝热效率假定为 η_{adi}，因此，压缩 1kg 的空气需要消耗的功 W_{adi} 为：

$$W_{adi} = c_p(T_s - T_0) = c_p(T_s' - T_0)/\eta_{adi} \tag{4.35}$$

$$T_s = T_0\left[1 + \frac{1}{\eta_{adi}}\left(\frac{T_s'}{T_0} - 1\right)\right]$$

$$= T_0\left[1 + \frac{1}{\eta_{adi}}\left(\left(\frac{p_s}{p_0}\right)^{(k-1)/k} - 1\right)\right] \tag{4.36}$$

把式（4.36）代入式（4.34），并代入 ψ_{sa} 的值，则给气比为：

$$l_0 = \frac{60\,\mu_r}{nV_h}\overline{F_{sa}}\sqrt{2gR}\sqrt{T_0}\frac{p_a}{p_0}\sqrt{\frac{k}{k-1}}\sqrt{\frac{(p_s/p_a)^{(k-1)/k}\left[(p_s/p_a)^{(k-1)/k}-1\right]}{1+\left[(p_s/p_0)^{(k-1)/k}-1\right]/\eta_{adi}}}$$

$$\tag{4.37}$$

式中，μ_r 为流量系数，η_{adi} 为绝热效率，p_s 为扫气压力（Pa），p_a 为排气背压（Pa），p_0 为大气环境压力（Pa），V_h 为发动机单缸有效排量（L）。

由于 1 秒内通过发动机的扫气量为：

$$G_s = \frac{l_0 N_{cyl} V_h n}{60} \tag{4.38}$$

因此，由式（4.37）和式（4.38）得出 OP2S 柴油机的耗气量公式：

$$G_s = \mu_\tau N_{cyl} \overline{F_{sa}} \sqrt{2gR} \sqrt{T_0} \frac{p_a}{p_0} \sqrt{\frac{k}{k-1}} \sqrt{\frac{(p_s/p_a)^{(k-1)k}\left[(p_s/p_a)^{(k-1)k}-1\right]}{1+\left[(p_s/p_0)^{(k-1)k}-1\right]/\eta_{adi}}}$$

$$(4.39)$$

式中，N_{cyl} 为气缸数，该发动机为 2 缸，μ_r 为等效流量系数，只能通过实验和公式计算联合获得，$R = 28.7(kgf \cdot m)/(kg \cdot k)$，$k = 1.4$，$\overline{F_{sa}} = 1.6575 \times 10^3 m^2$，$g = 9.8m/s^2$。

因此，OP2S 柴油机的耗气量公式可以简化为下式：

$$G_s = K\mu_r \sqrt{T_0} \frac{p_a}{p_0} \sqrt{\frac{(p_s/p_a)^{(k-1)/k}\left[(p_s/p_a)^{(k-1)/k}-1\right]}{1+\left[(p_s/p_0)^{(k-1)/k}-1\right]/\eta_{adi}}}$$

$$(4.40)$$

从式（4.40）中可以看出，K 为常数。因此，OP2S 柴油机的扫气量只由扫气压力 p_s、排气压力 p_a 和绝热效率 η_{adi} 三个因素决定。

4.4.2　等效流量系数与曲轴转角的关系

由式（4.40）可知，流量系数的变化对耗气量的计算结果有较大的影响。流量系数主要与气口开启面积有关，由于气口开启面积是随曲轴转角而变化的（见图 4.24），所以流量系数也是曲轴转角的函数。因此，本章对不同的曲轴转角相对应的气口流量系数进行了稳流实验。

实验通过手动旋转曲轴并以飞轮盘的刻度为参考标尺来调节气口的开度，当进气活塞顶面与进气口上边沿平齐时作为气口开启的临界点，以其作为第一个测量点。在此基础上，通过旋转飞轮盘每隔 10℃A 作为一个测量点，通过调节压气机转速使进排气口压力差分别达到 0.005MPa、0.01MPa、0.015MPa、0.02MPa、0.025MPa，当进气流量稳定后开始测量，每个测点进行 5 次重复实验。根据式（4.40）可知，测量的参数主要有：进气流量 G_0、环境压力 p_0、环境温度 T_0、进气口压力 p_s、进气温度 T_s 和排气口压力 p_a（排气压力为环境压力）。其中，进气流量的测量采用 TOCEIL - 20N125 热式进气流量传感器，流量范围为 0 ~ 1200kg/h，误差为 1% FS；进排气压力采用 Kistler 公司的瞬态压力传感器，压力测量范围为 0 ~ 0.5MPa，线性精度为 ± 0.5%；温度传感器采用 PT100 热阻式传感器，测量范围为 - 200 ~ 400℃，误差为 0.04% FS。

实验结果如图 4.25 所示。从图中可知，气口的流量系数随着气口开启面积的增大而增大，当进气活塞顶面越过气口上沿时，进气口逐渐打开进行扫气，但由于进气开启面积较小，在同等进排气压力差的情况下，进入气缸的流量较小，导致流量系数偏小。随着进气口开启面积不断增大，流量系数也不断提高。在相同的进排气压差下，当进气口开启达到或大于 88%（对应开启面积为 4060mm²）时，进入气缸的流量基本保持不变，此时对应曲轴转角为 160℃A。这一过程一直持续到排气口关闭约 12% 为止，对应排气口开启面积为 4624mm²，此时的曲轴转角为 201℃A。其中进气流量由进气口和排气口的开启面积共同决定。随着排气活塞继续运动，在相同的压差下，进入气缸的流量不断减少。当排气活塞的第一道气环越过排气口时，扫气阶段结束。

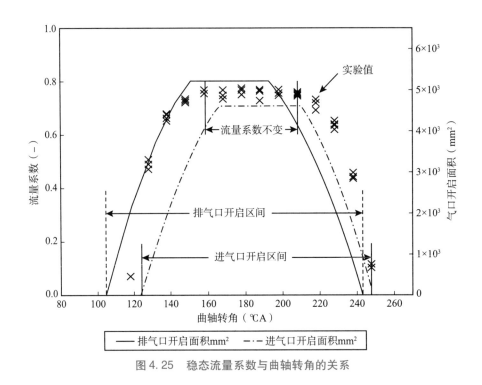

图 4.25 稳态流量系数与曲轴转角的关系

当曲轴转角为 121℃A 和 247℃A 时，相对应的进气口还未开启、排气口刚好关闭，但是流量却不为 0，其主要原因是：当进气活塞第一道气环越过进气口时，扫气过程已经开始；当排气活塞的第一道气环越过排气口时，排气口才完全被关闭，扫气过程结束，如图 4.26 所示。

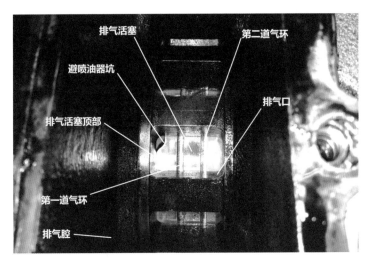

图 4.26　排气活塞与排气口相对位置关系

4.4.3　扫气过程等效流量系数

为了获得 OP2S 柴油机运行工况下的等效流量系数，本章进行了 OP2S 柴油机稳态工况流量特性实验。该实验需要测量的参数和所用传感器与 4.4.2 相同，通过调节压气机转速和调节排气阀的开度来获得不同的进排气压力值，在实验过程中，当进气流量稳定后开始测量。通过发动机实时测得的实验数据（见表 4.3）与计算公式（4.40）联合计算获得等效流量系数如图 4.27 所示，发动机实验数据的采集都是在稳定工况下完成的。

表 4.3　　　　　　　　　不同进排气状态参数下扫气实验数据

n (r·min^{-1})	G_s (kg·h^{-1})	T_s (k)	P_d (bar)	P_s (bar)	P_0 (bar)
900	379	304.7	1.05	1.22	1.03
900	396	307.4	1.05	1.23	1.03
1000	325	303	1.06	1.2	1.03
1200	521	313.7	1.06	1.29	1.03
1200	390	307	1.05	1.22	1.03
1300	350	318	1.09	1.26	1.03
1400	531	314	1.07	1.29	1.03
1400	399	310	1.06	1.21	1.03

续表

n (r·min^{-1})	G_s (kg·h^{-1})	T_A (k)	P_a (bar)	P_r (bar)	P_0 (bar)
1400	400	319	1.08	1.25	1.03
1500	435	319	1.08	1.25	1.03
1600	295	321	1.21	1.31	1.03
1600	300	321	1.21	1.31	1.03
1600	385	316	1.07	1.22	1.03
1600	444	320	1.07	1.27	1.03
1700	520	322	1.1	1.34	1.03
1800	523	323	1.1	1.34	1.03
1800	384	315	1.075	1.25	1.03
1800	290	321	1.22	1.31	1.03
1800	308	321	1.21	1.31	1.03
1900	300	322	1.21	1.31	1.03
1900	390	321	1.075	1.26	1.03
2000	290	322	1.215	1.31	1.03

从图 4.27 中可以看出，随着发动机转速的变化，等效流量系数的范围保

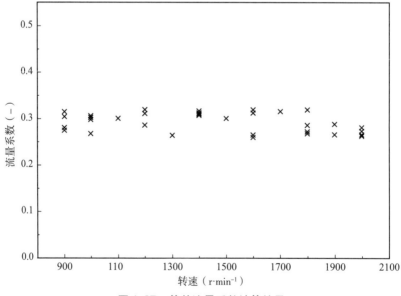

图 4.27 等效流量系数计算结果

持在 0.26 ~ 0.32 之间，由于每组实验的采集都会有一些误差，再加上计算精度的误差，因此本章将 33 组数据求平均值得到等效流量系数为 0.292。

4.4.4　排气压力对耗气特性的影响

图 4.28 所示为排气背压对耗气特性的影响。当排气压力一定，进排气压比与发动机耗气量形成一条抛物线，随着压比的升高，曲线的斜率不断升高，导致体积流量的升高率不断下降，因此当体积流量达到一定值后，进排气压比对提高体积流量的影响较小。排气背压对体积流量有较大的影响，将排气背压等于 0.1MPa 的耗气曲线作为参考，从图中的放大部分可以看出，排气背压越高，与参考曲线相交点的压比和体积流量越大。当对体积流量的需求小于相交点的体积流量时，获得相同的体积流量，排气背压越高，压比相应也就越高，扫气泵消耗的功率也越高，这种趋势随着流量的减小会越明显。相反，如果需求大于相交点的体积流量时，排气背压越高，所需要的进气压比反而越小，这种趋势随着流量的增加也会越明显。

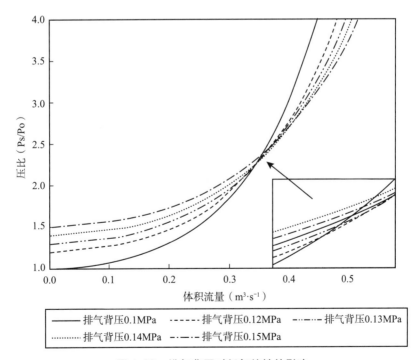

图 4.28　排气背压对耗气特性的影响

图 4.29 是 OP2S 柴油机原理样机为达到 170kW 的增压目标所匹配的压气机，从图中可以看出小于相交点的流量完全可以满足 OP2S 柴油机的需求。因此，如果为了提高发动机的扫气效率，排气压力可以选择 0.10MPa ~ 0.12MPa 之间的范围；如果为了增加发动机输出功率，应选择能够满足捕获空燃比需求的最小排气背压（排气背压越大，泵气损失越大）。目前 OP2S 原理样机采用机械增压的方式来实现换气，而排气背压的调整主要通过在排气管上加装一个蝶阀实现的，可以通过调节蝶阀的开度来完成排气压力的控制。

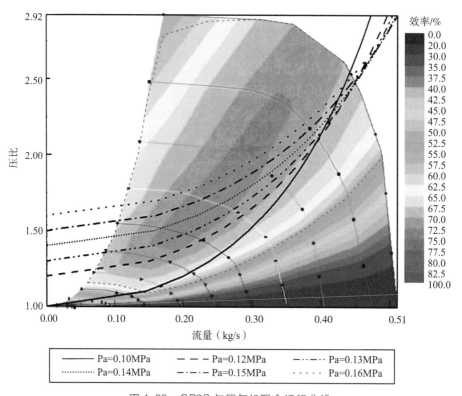

图 4.29　OP2S 与压气机联合运行曲线

OP2S 柴油机的增压过程，是在满足一定给气比的条件下，通过提高排气背压来提高封存在缸内新鲜充量，进而实现发动机功率的提高[98]。图 4.29 为 OP2S 柴油机在不同排气背压下与 C38－64 离心式增压器的联合运行曲线，从匹配结果可知，当排气背压为 0.1MPa，压气机转速较低时，效率偏低，且容易发生阻塞；随着排气背压不断增加，耗气曲线通过压气机的高效区，但当发动机耗气量偏小时容易发生喘振。OP2S 柴油机与该增压器匹配，当排气背压较高时，OP2S 柴油机的耗气特性曲线穿过压气机的高效区，在动力的提升上有较大空间，但较高的排气背压会带来较高的泵气损失，导致比油耗升高。因此，本书将在下一章对进排气状态参数对换气品质和动力性的影响进行分析。

4.4.5　绝热效率对耗气特性的影响

除了进排气压力比对耗气特性有较大影响外，压气机的绝热压缩效率对耗气量也有较大的影响。

图 4.30 所示为排气背压为 0.12MPa 时，不同压气机绝热效率与 OP2S 柴油机耗气曲线的关系，当绝热效率逐渐升高，同一压比条件下进入发动机的流量不断增加。而且随着进气压比的不断提高，绝热效率对体积流量的影响越明显。因此，当发动机与增压器进行匹配时，特别是在高压比的情况下，应尽可能地把设计点放在增压器的高效区。

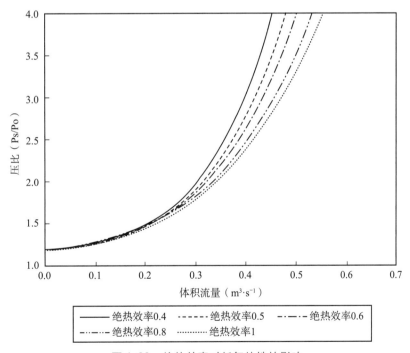

图 4.30　绝热效率对耗气特性的影响

4.5　本章小结

本章提出了采用"示踪气体法"的实验方法对 OP2S 柴油机进行换气过程研究。介绍了示踪气体法的测试原理，设计并搭建了实验装置，对换气品质参数的测量方法进行了分析，总结了"示踪气体法"产生实验误差的原因。同时对该发动机的耗气特性进行了分析研究，得到以下研究结论：

（1）进排气压力差对换气品质参数的影响较大。压差越大，给气比越大，捕获率越小；不同的转速下，达到相同的给气比，转速越高，就要求越高的进排气压力差；当进排气压差达到一定值后（即给气比 = 140%），扫气效率会逐渐趋于稳定，继续增大压差对提高扫气效率作用不明显，反而增加了扫气泵的耗功。

（2）进排气压力差对捕获空气量有较大的影响。当给气比小于 140% 时，随着进排气压力差的不断提高，捕获空气量有较大的增加；当给气比大于 140% 以后，继续提高进排气压力差对提高捕获空气量的作用减弱或不明显；当转速分别为 800r/min、1200r/min 和 1500r/min 时，给气比达到 140% 所需要的压差分别为 0.0075MPa、0.0117MPa 和 0.0158MPa。

（3）排气背压对捕获空气量的影响较大。排气背压越高，排气口关闭后缸内气体密度越大，捕获在缸内的空气量越多。因此，排气背压是 OP2S 柴油机增压匹配中需要优化的主要参数。

（4）当给气比大于 140% 时，给气比对扫气效率的影响减弱，继续增大给气比只能增加泵气损耗；而当给气比低于 50% 时，失火循环数明显增加，扭矩下降，发动机的运转状况恶化。因此，以发动机稳定运行并兼顾较小的泵气损失为优化目标，给气比宜选取的范围为 50% ~ 140%。

（5）对带有扫气泵的 OP2S 柴油机耗气特性进行了理论分析，得到了该发动机耗气特性理论计算方法。结果表明，当发动机结构参数确定后，耗气量只由扫气压力、排气压力和绝热效率三个因素决定。

（6）针对 OP2S 柴油机增压匹配的需求，通过稳态实验的实验结果与耗气特性理论计算联合获得 OP2S 柴油机的等效流量系数为 0.292，同时获得了该柴油机在不同的进排气压比时的耗气特性曲线，为后续的增压匹配提供了依据。

第5章

缸内气流组织与运动特性

柴油机缸内气流运动对混合气形成及燃烧过程有决定性的影响,与换气过程和混合气形成及燃烧都有强烈的耦合关系。因而深刻地影响着发动机的动力性、经济性及排放特性。组织良好的缸内气流运动能有效提高发动机性能[32,94]。

针对传统柴油机的缸内气流运动研究已经十分成熟[99~109],但是OP2S的活塞运动规律、燃烧室结构使得其缸内气流运动与传统柴油机不同;进气系统与传统柴油机进气系统的结构差异也使得其缸内气流运动的组织与传统柴油机不同。本章将利用第2章所建立的耦合仿真模型,针对OP2S气流运动过程开展冷流分析,获得OP2S缸内气流运动规律与传统柴油机的差异,以缸内气流运动速度和湍动能为换气过程与缸内过程的耦合参数,分析OP2S缸内气流运动特点,并探索通过进气系统设计提高缸内湍动能水平的方法。

5.1 内燃机缸内气体流动形式

发动机缸内气体最初的运动规律是在进气过程中建立的,其后在压缩过程中有重大的变化。内燃机缸内常见的流动形式有涡流、挤流、滚流和斜涡流以及湍流,不同流动形式对内燃机的缸内过程的影响也不同[16,27,94]。

5.1.1 进气涡流

进气涡流是在进气过程中形成的绕气缸轴线的有组织的气流运动。由于气流之间的内摩擦及气流与缸套之间的摩擦，使得进气涡流在压缩过程中逐渐衰减；涡流在压缩过程中不易破碎，因而不利于形成湍流；但是在上止点处高频成分多，有利于燃烧的进行；涡流具有周向热分层效应，有利于降低缸内燃气向缸套的传热量。研究表明，柴油机中产生一定强度缸内涡流能有效提高混合气形成速度，加快燃烧速率，缩短燃烧持续期。

传统四冲程柴油机中涡流的产生主要采用导气屏的气门、切向气道及螺旋气道3种方法，如图5.1所示。采用导气屏的进气门强制空气从导气屏的前面流出，依靠气缸壁面的约束，产生涡旋气流；切向气道较为平直，在气门前收缩强烈，引导气流沿气缸切线方向进入气缸，从而造成气门附近速度分布的不均匀，使得气流产生一个切向速度并形成对气缸中心的动量矩；螺旋气道在气门座上方的气门腔内做出螺旋形，使气流在螺旋气道内形成一定的旋转后进入气缸，气流在惯性作用下绕气缸轴线运动形成涡流。

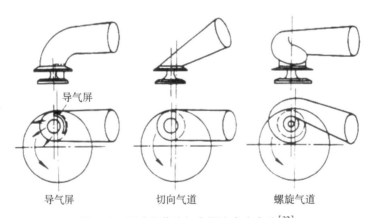

导气屏   切向气道   螺旋气道

图5.1   四冲程柴油机中涡流产生方法[32]

直流扫气二冲程柴油机主要采用气口的径向倾角[6,14,17,79]，进气倾角定义为气口中心线与气缸半径所夹锐角，如图5.2所示。通过切向进气口对进气气流的导向作用，使得气流在缸内产生一个绕气缸轴线的动量矩从而形成缸内的涡流运动。但是，这种气口结构对进气气流会产生一定的影响，因此采用切向进气口提高缸内涡流水平的同时也要兼顾气口径向倾角对换气品质的影响。

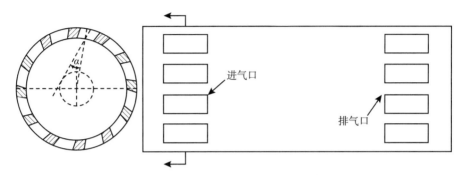

图 5.2　直流扫气二冲程柴油机中涡流产生方法

缸内涡流水平的评价一般采用涡流比，涡流比定义为涡流转速 n_s 与发动机转速 n 之比，CFD 仿真计算过程中涡流比可表示为：

$$R_s = \frac{\sum_i^N m_i r_i v_i}{\dfrac{2\pi n}{60} \sum_i^N m_i r_i^2} \tag{5.1}$$

式中，m_i 是网格微元的质量，r_i 为此微元距离转动中心的距离，v_i 为旋转线速度。N 是网格总数。

5.1.2　挤流和逆挤流

图 5.3 所示为压缩挤流和膨胀逆挤流的形成原理，挤流形成于压缩后期。传统柴油机中，活塞表面的某一部分和气缸盖底面彼此靠近时产生径向或横向气流运动。挤流受挤气面积和挤气间隙大小影响，研究表明，采用收口型燃烧室能在上止点附近产生明显的压缩挤流和膨胀逆挤流。膨胀开始阶段，燃烧室容积不断增大导致气流向外流向环形空间，产生膨胀流动，进而形成膨胀逆挤流。

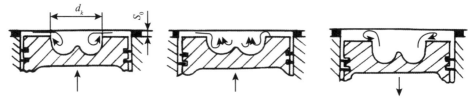

图 5.3 挤流和逆挤流形成示意[32]

挤流和逆挤流强度一般采用挤流速度或气流径向运动速度来定性评价，挤流速度或气流径向运动速度越大，表明挤流运动越强。

5.1.3 滚流和斜轴涡流

滚流是在进气过程中形成的绕气缸轴线垂线的有组织的流动。滚流在压缩过程中不断变形，但总能量变化较小；在上止点前破裂产生的湍流中，低频成分占 80%，高频成分占 20%，对混合作用稍差。

传统四冲程内燃机中常采用滚流气道结合楔形活塞组织缸内滚流。图 5.4 为滚流气道与常规气道对比示意图。滚流气道倾斜角度明显大于常规气道，进气气流进入气缸后依靠气缸壁面的约束产生绕气缸轴线垂线运动的旋流气流。但这种气道对进气会产生不利影响，使发动机充量系数减小，因此需要权衡。

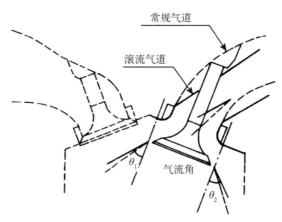

图 5.4 四冲程内燃机滚流气道与常规气道对比示意[32]

直流扫气二冲程内燃机中通过设置滚流进气口组织缸内滚流运动，如图 5.5

所示。滚流进气口的一侧沿气缸轴线向上倾斜，同时另一侧气口沿气缸轴线向下倾斜，进气过程中来自两侧进气口的气流在气缸中心处相互作用形成滚流。

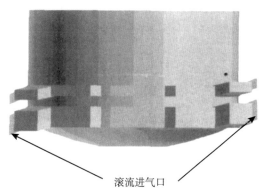

滚流进气口

图 5.5　直流扫气 OP2S 滚流进气口示意[19]

滚流强度一般采用滚流比来评价，滚流比定义为滚流转速 n_T 与发动机转速 n_s 之比。CFD 仿真中滚流比计算方法可参照涡流计算方法。

滚流和涡流组合可形成斜轴涡流，它既有绕气缸内轴线旋转的横向分量，也有绕气缸轴线垂线旋转的纵向分量。斜轴涡流充分利用了涡流和滚流的特点，在上止点附近能形成更强的湍流运动，加速混合气形成，提高燃烧速率。

5.1.4　湍流

湍流是气缸中形成的无规则、非定常的气流运动。湍流可分为两类：一类是气流流过固体表面时产生的壁面湍流；另一类是流体不同流速层之间产生的自由湍流。内燃机中以自由湍流为主。湍流速度和湍动能强度是表征湍流剧烈程度的重要参数，湍流速度和湍动能越大，越有利于缸内混合气的形成[32][28]。

湍流的形成方式有很多，既可以在进气过程中产生，也可以在压缩过程中利用燃烧室形状产生，还可以在燃烧过程中产生。湍流的显著特征是不规律性和随机性，因此常常采用统计的方法来描述湍流特征参数。

在统计定常的湍流场中，某一方向上的当地瞬时速度可写为：

$$U(t) = \overline{U} + u(t) \tag{5.2}$$

式中，$\overline{U}$ 为缸内气流平均速度，$u(t)$ 为流速的脉动分量。

$$\overline{U} = \lim_{\tau \to \infty} \frac{1}{\tau} \int_{t_0}^{t_0+\tau} U(t)\,\mathrm{d}t \tag{5.3}$$

式中，τ 为时间，t_0 为起始时刻。

湍流强度定义为脉动速度分量的均方根值，即：

$$u' = \lim_{\tau \to \infty} \left[\frac{1}{\tau} \int_{t_0}^{t_0+\tau} u^2(t)\,\mathrm{d}t \right]^{0.5} \tag{5.4}$$

湍动能也是评价湍流强度的重要指标，湍动能通常用气流脉动速度的平方来表示。

$$k = \frac{1}{2}(\overline{u}^2 + \overline{v}^2 + \overline{w}^2) \tag{5.5}$$

式中，u、v、w 分别表示 x、y、z 方向上的脉动速度。

此外，还使用一些长度尺寸和时间尺度表征湍流特性，如描述湍流场中大涡特征的积分尺度和积分时间尺度。本章在研究过程中，主要采用湍动能来评价缸内湍流强度的大小。

5.1.5 缸内气流运动的评价指标

由上文介绍可知，涡流比、滚流比是定量分析缸内涡流和滚流水平的重要指标，涡流比、滚流比越大说明缸内涡流、滚流水平越高。湍流强度和湍动能是定量描述缸内气流运动速度脉动程度的重要指标，湍流强度和湍动能水平越高说明缸内气流脉动速度越大。此外，为了更好地描述 OP2S 缸内气流运动特性，本章针对换气过程气流运动和压缩过程气流运动，分别采用了不同的评价。

1. 评价换气过程气流运动的指标

（1）进气口气流平均运动速度及流量。进气口气流平均运动速度及流量可定性表征换气系统对新鲜充量阻力的大小，进气口气流平均运动速度及流量越大说明进气系统对新鲜充量的阻力越小。

（2）缸内气流轴向运动速度[105]。缸内气流轴向运动速度可定性表征换气进程的快慢，OP2S 换气过程中，新鲜充量由进气口进入气缸，并推动废气沿气缸轴线向排气口运动，因此缸内气流轴向运动速度越快表明新鲜充量推动废气运动速度越快，换气进程进展越快。

（3）换气过程缸内平均压力。换气过程中扫气压力可视为不变，气缸压力越低说明扫气压差越大，因此扫气性能越好。

2. 评价压缩过程气流运动的指标

（1）缸内气流平均运动速度。缸内气流平均运动速度是定性分析缸内气体运动速度的重要指标，研究表明，缸内气流平均运动速度受缸内涡流水平以及活塞运动速度影响。

（2）缸内气流径向平均运动速度[108]。缸内气流径向平均运动速度可定性表征缸内挤流和逆挤流水平。对于不同形状的燃烧室，相同工况下，缸内气流径向平均运动速度越大说明挤流和逆挤流水平越高。

除去以上评价指标，缸内气流运动的速度场、湍动能分布也是定性分析气流运动特性的重要指标。

5.2　对置活塞二冲程柴油机缸内气流运动特点

研究表明，燃烧室结构是影响上止点附近燃烧室内压缩挤流和膨胀逆挤流的重要因素。OP2S 燃烧室由两个活塞和缸套包络而成，进气活塞在设计时充分考虑了进气的引流作用采用球面形凹坑，排气活塞在设计时充分考虑了排气引流作用，同时为了降低废气在排气活塞附近的堆积采用浅凹坑形状。本章所采用的燃烧室参考 OPOC 发动机燃烧室设计及 Achates OP2S 燃烧室设计，与传统柴油机不同的是，OP2S 燃烧为扁平燃烧室，如图 5.6 所示。

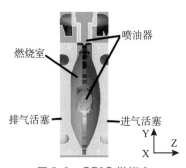

图 5.6　OP2S 燃烧室

活塞运动规律对缸内气流运动规律有着决定性的影响。OP2S 在压缩过程中，两个活塞同时向中间压缩空气，这也导致 OP2S 缸内气流运动规律与传统柴油机有着本质的不同。传统柴油机缸内过程研究结果表明，上止点附近缸内气流运动情况将直接影响发动机的油气混合、燃烧进程以及气体和缸壁间的热量交换，进而影响发动机效率和排放。OP2S 采用柴油机的工作原理，因此其燃烧过程和传统柴油机的差异也与缸内的气流运动规律相关。组织良好的气流运动能有效促进燃烧过程中空气与燃料的混合，提高燃烧速度和燃烧效率。

为了分析 OP2S 缸内气流运动的特点，将冷流状态下 OP2S 缸内气流运动规律与相同缸径、排量、气缸容积变化率及压缩比的传统二冲程柴油机对比，传统柴油机燃烧室结构为 ω 型燃烧室，如图 5.7 所示。本节仅研究 OP2S 与传统二冲程柴油机由于燃烧室形状和活塞运动规律的差异导致的缸内气流运动的不同。为了保证两种发动机缸内气流运动计算结果的可比性，传统二冲程柴油机缸径与冲程的设置都是为了保证两种发动机计算结果的可比性，并无实际发动机机型与之相对应。传统柴油机网格计算过程中，其位移曲线采用 OP2S 的活塞相对位移以保证 OP2S 与对比的传统柴油机气缸容积变化率一致。两种发动机参数及计算设置如表 5.1 所示。

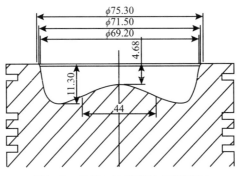

图 5.7　传统二冲程柴油机燃烧室

计算初始时刻网格尺度和网格数对计算精度影响很大。网格尺度越小计算精度越高，但是网格数增加会导致计算时间的增加。因此，合理安排计算网格数能有效提高计算精度和计算效率。计算过程中，当初始网格数小于 520000 单元时，缸内压力计算结果随网格数的增加差异明显；当网格数大于 520000 单元小于 550000 单元时，网格数变化对缸内压力计算值影响较小；当网格数大于 572000 单元时,网格数的增加对计算结果几乎没有影响。因此,CFD 计算模型网格数应大于 572000 单元。由于 OP2S 与传统柴油机排量一致,计算过程中二者网格数差异应尽可能小以保证计算结果的可比性。建立的 OP2S 与传统柴油机气缸网格模型如图 5.8 和图 5.9 所示。压缩初始时刻,OP2S 网格模型最小网格数为 656920 单元,传统柴油机最小网格数为 647380 单元,网格数差异为 1.47%。

表 5.1 　　　　　　　　　　OP2S 与传统柴油机参数对比及计算设置

项目及单位	OP2S	传统二冲程柴油机
缸径（mm）	100	100
冲程（mm）	进气活塞 110/排气活塞 110	220
有效压缩比	15.8	15.8
进气压力（MPa）	0.2	0.2
涡流比	1.0	1.0
转速（r/min）	2500	2500

图 5.8　OP2S 气缸网格

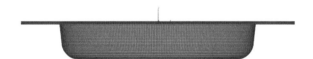

图 5.9　传统柴油机气缸网格

　　数值仿真中进气涡流通过给定压缩始点的涡流/转速比确定,边界条件采用计算软件推荐值,压缩初始压力由试验测得试验数据给定。发动机转速设为 2500r/min,时间步长区 0.2℃ A。场求解采用的是 SIMPLE 算法,松弛因子采用的是使计算稳定的最大值;计算时质量守恒方程、动量守恒方程和能量守恒方程都必须求解,湍流模型采用 $k-\varepsilon$ 模型;收敛准则采用标准残差,所有方程都取 1e-4,最大迭代步数为 80 步,最小迭代步数为 10 步。

5.2.1 活塞运动规律分析

活塞运动过程中表面发生的气体置换使得缸内气流运动规律受活塞运动规律直接影响。本书第2章详细介绍了OP2S活塞运动规律的求解方法，在此不再赘述。图5.10所示为OP2S活塞位移曲线。OP2S进气口关闭角为−113°CA，排气口开启角为100°CA，因此OP2S计算区间为−113°CA至100°CA。传统柴油机为对称式活塞位移，因此计算区间为−113°CA至113°CA，二者压缩始点相同，且发动机有效压缩比一致。

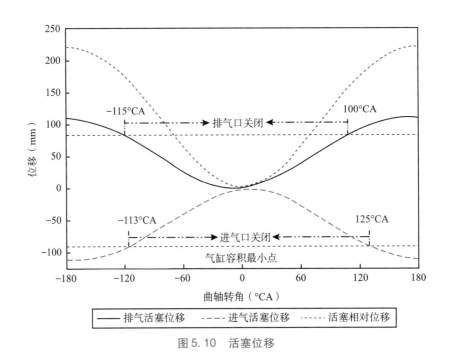

图5.10　活塞位移

图5.11所示为发动机转速2500r/min时OP2S活塞运动速度曲线。排气活塞在气缸容积最小点前8.5°CA时速度为0，而进气活塞在气缸容积最小点后8.5°CA时速度为0，气缸容积最小点前8.5°CA到气缸容积最小点后8.5°CA的区间内进、排气活塞运动方向一致。当活塞运动到气缸容积最小点时，进、排气活塞速度都不为0，且大小相等、方向一致。这种独特的活塞运动规律使得OP2S混合气形成及燃烧过程与传统柴油机不同。

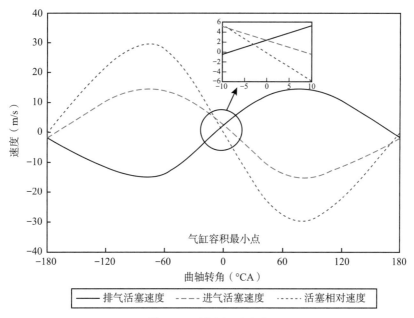

图 5.11　活塞运动速度

5.2.2　缸内气流运动速度分析

传统柴油机压缩过程中活塞推动气流向上止点运动，气流在气缸轴线方向产生一定的运动速度；在压缩过程后期，活塞表面和气缸盖底面彼此靠近时能够产生径向或横向的挤流运动。缸内气流轴向运动速度取决于活塞运动规律，而挤流强度则由活塞运动规律和燃烧室形状共同决定。OP2S 与传统柴油机活塞运动规律、燃烧室形状都有着本质的区别。因此，OP2S 与传统柴油机缸内气流运动规律的区别最有可能在气流运动速度和挤流强度中找到。

图 5.12 所示为 OP2S 与传统柴油机缸内气流运动速度云图对比。OP2S 缸内气体在压缩过程中，两个活塞同时推动缸内气体向气缸中心方向运动，进气活塞端的气流与排气活塞端的气流在气缸中心区域碰撞后导致剧烈的动量损失。因此，气缸中心区域气流运动速度较小，活塞表面附近气流运动速度快。传统柴油机活塞向上止点运动时，气缸内空气被挤出燃烧室并在喉口的作用下形成压缩挤流，挤流在上止点前 30°左右开始出现。气缸中心靠近气缸盖附近的气流运动速度较低，活塞表面的气流运动速度较大。随着曲轴转角变化到 350℃A 时，OP2S 排气活塞接近极限位置，此时排气活塞运动速度很小，但是，

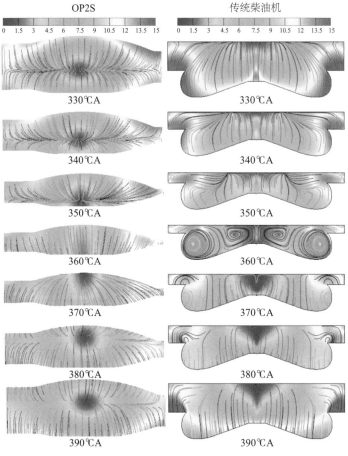

图 5.12　缸内气流运动速度分布：$Z-Z$

气缸容积仍不断减小，气流在进气活塞推动作用下由进气端向排气端运动，气体与排气活塞表面发生碰撞导致排气活塞附近气流运动速度低于进气活塞附近气流运动速度。传统柴油机随着活塞不断向上止点运动，挤流越来越明显，喉口处的气流运动速度不断上升，当活塞运动到上止点前350℃A左右时，挤流强度达到峰值，气流运动速度较大的区域集中在燃烧室喉口附近。当OP2S活塞运动到气缸容积最小点时，由于进、排气活塞运动方向相同，气流由进气活塞向排气活塞单向流动。当曲轴转角继续变化到370℃A时，进气活塞接近极限位置，此时进气活塞运动速度很小导致活塞表面气流运动速度低，而排气活塞继续向气缸容积最大点运动，气缸容积不断增大，气流由进气活塞向排气活塞运动。传统柴油机由于燃烧室具有较大的收口，起良好的导流作用，上止点

时燃烧室内能产生明显的气流涡旋运动。在活塞下行过程中，燃烧室内的气体
迅速向上翻滚，形成膨胀逆挤流。

图 5.13 所示为 OP2S 与传统柴油机缸内气流轴向平均运动速度随曲轴转角
的变化情况。传统柴油机中缸内气流轴向运动速度大小方向都与活塞运动速度
有关，上止点附近活塞运动速度小，因此气流轴向运动速度接近于 0。OP2S
在压缩过程中由于两个活塞相向运动，缸内气流分别由进气端和排气端向气缸
中心区域压缩，在气缸中截面附近气体动量容易抵消，在压缩过程中的大部分
时间内缸内气流轴向平均运动速度为零。气缸容积最小点附近，进、排气活塞
运动速度都不为 0 且运动方向相同，因此 OP2S 气缸容积最小点附近气流轴向
运动速度不为 0，这有利于缸内混合气的形成。

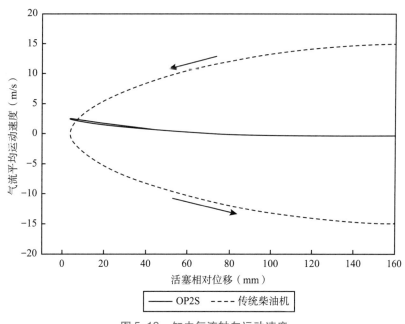

图 5.13　缸内气流轴向运动速度

缸内气流径向速度可以定性表征缸内挤流的剧烈程度，径向速度越大说明
挤流强度越大。图 5.14 所示为 OP2S 与传统柴油机缸内气流平均径向运动速度
变化情况。压缩初始阶段，两种发动机缸内径向速度几乎为零；随着气缸容积
不断减小，气体在径向流进燃烧室形成压缩挤流，在气缸容积最小点前某一时
刻挤流强度达到最大，随后迅速衰减，在气缸容积最小点时缸内气流径向平均

速度为 0。膨胀初始阶段，气缸容积不断增加，燃烧室内的气体在活塞运动的作用下流出燃烧室形成膨胀逆挤流，径向平均速度逐渐增大到峰值后又逐渐衰减为 0。

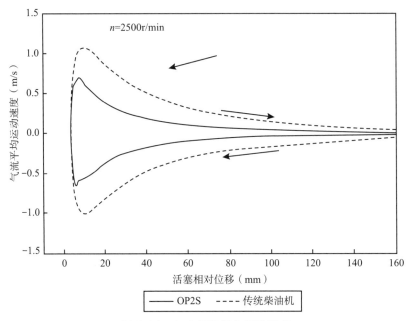

图 5.14　缸内气流径向运动速度

传统柴油机燃烧室内气流径向平均运动速度大，因此在压缩上止点附近能产生较强的挤流和逆挤流。压缩过程中传统柴油机中气流径向平均速度最大值比 OP2S 中气流径向平均速度最大值高出 37%；膨胀开始阶段，传统柴油机中缸内气流径向平均速度最大值比 OP2S 中气流径向平均速度最大值高出 41%。

5.2.3　湍动能分析

图 5.15 所示为两种发动机缸内气体质量平均湍流速度对比。压缩初始阶段，OP2S 由于气缸轴向、径向气流运动速度低，因此缸内气体质量平均湍流速度小，随着曲轴转角的变化，在压缩后期，OP2S 缸内气体质量平均湍流速度增加明显，气缸容积最小点附近，OP2S 缸内气体质量平均湍流速度明显高于传统柴油机缸内气体质量平均湍流速度，最高可高出 4%。

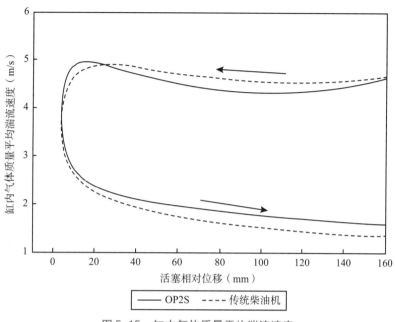

图 5.15　缸内气体质量平均湍流速度

图 5.16 所示为 OP2S 与传统柴油机缸内气流平均湍动能变化情况。对于两种发动机而言，压缩过程中缸内平均湍动能都呈现先减小后增加的趋势。压缩初始阶段，缸内没有形成统一的涡流和滚流，小尺度涡流之间摩擦导致气体脉动能迅速减小，OP2S 缸内气流平均湍动能衰减程度大于传统柴油机。随着曲轴转角的变化，当活塞运动到气缸容积最小点附近时，一方面由于缸内气流轴向运动速度不断增大，同时小尺度涡团容易破碎形成湍流；另一方面由于气缸容积最小点时活塞运动速度不为 0，活塞附近气体置换频繁，也使得缸内气流平均湍动能水平迅速上升，在气缸容积最小点附近，OP2S 缸内气流平均湍动能明显大于传统柴油机，最高可高出 9.1%，这有利于缸内混合气的形成。膨胀过程中，OP2S 缸内气流湍动能衰减速度慢，因此湍动能水平要略高于传统柴油机的湍动能，这有利于提高膨胀过程中缸内燃烧速率。

OP2S 缸内气流运动与传统柴油机缸内气流运动有很大的差异。压缩初始阶段，OP2S 两个活塞同时压缩气流使得气流沿气缸轴向平均运动速度远低于传统柴油机；随着压缩的进行，当活塞接近气缸容积最小点时，由于 OP2S 采用扁平燃烧室，因此缸内挤流水平远低于传统柴油机 ω 型燃烧室组织的挤流水平，膨胀过程初期缸内逆挤流水平也远低于传统柴油机 ω 型燃烧室组织的逆挤流水平。OP2S 两个活塞运动相位差使得活塞在气缸容积最小点附近运动方向一致，气缸容积最小点时活塞运动速度不为 0，这种独特的活塞运动规律使得气缸容积最小点附近缸内气流轴向运动速度大。

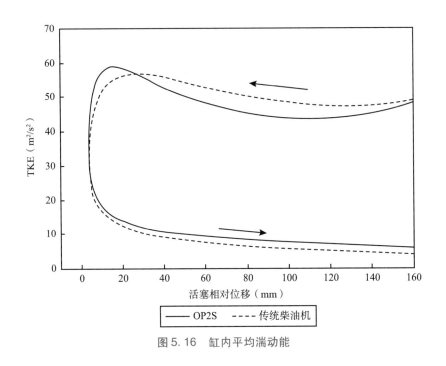

图 5.16　缸内平均湍动能

5.3　对置活塞二冲程柴油机进气系统结构对缸内气流运动的影响

　　OP2S 中通过进气口径向倾角可有效组织缸内涡流[14]，通过气口仰角可有效组织缸内滚流运动。组织不同形式的缸内气流运动对换气过程、缸内混合气的形成都有不同的影响规律。本节将采用第 2 章建立的耦合仿真模型，分析不同进气系统结构对 OP2S 气流运动过程的影响，探索提高 OP2S 气流运动水平的方向。

5.3.1　进气口结构形式对气流运动的影响

与传统柴油机不同，OP2S 喷油器布置在气缸圆周方向上，喷油器与缸内涡流、滚流的相对位置与传统柴油机不同。研究表明，如不考虑气口结构对换气过程的影响，单从缸内气流运动形式对混合气形成及燃烧角度考虑，组织缸内滚流运动能显著提高缸内湍流动能水平，有效促进缸内燃烧进程[19]。但是，采用进气口仰角的滚流进气口容易导致新鲜充量与废气的掺混从而降低发动机扫气效率[38,39]。本节在研究过程中综合考虑涡流进气口与滚流进气口对缸内换气品质及缸内气流运动的影响，分别建立了 OP2S 涡流进气口和滚流进气口的 CFD 仿真模型，计算时充分考虑了转速对扫气效率的影响，分别计算发动机转速为 1500r/min、2500r/min、3500r/min 时涡流进气口和滚流进气口对扫气效率的影响，其中涡流进气口径向倾角为 20°，滚流进气口轴向仰角为 20°。涡流进气口计算模型如图 5.17 所示。模型计算网格数约为 650000 单元，由于进、排气口处流量、压力波动较大，因此建模过程中对气口附近网格进行细化以保证计算精度。本书第 2 章详细介绍了模型建立过程，在此不再赘述。计算的初始条件参照许汉君等[19]中的设置。时间步长为 0.5℃A。场求解采用的是 SIMPLE 算法，松弛因子采用的是使计算稳定的最大值；计算时质量守恒方程、动量守恒方程和能量守恒方程都必须求解，湍流模型采用 ω 模型；收敛准则采用标准残差，所有方程计算精度都取 1e−4，最大迭代步数为 60 步，最小迭代步数为 10 步。计算区间为排气口开启时刻到进气口关闭时刻。

图 5.18 所示为涡流进气口和滚流进气口对扫气效率的影响。扫气效率随转速的增加呈现降低的趋势，采用涡流进气口的扫气效率明显高于滚流进气口的扫气效率。当发动机转速为 1500r/min 时，涡流进气口扫气效率比滚流进气口高 5%；当转速变化到 2500r/min 时，涡流进气口扫气效率比滚流进气口高 14.9%；当转速继续变化到 3500r/min 时，涡流进气口扫气效率比滚流进气口高 17.5%。

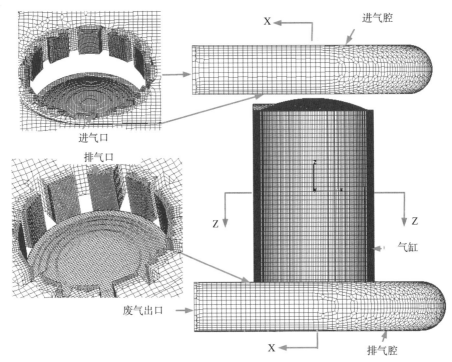

图 5.17　CFD 计算仿真模型

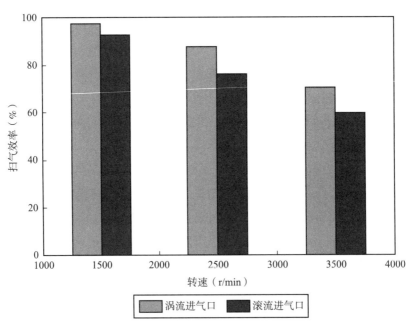

图 5.18　涡流进气口与滚流进气口对扫气效率的影响

许汉君等[19]研究了 OP2S 缸内流动形式对混合气形成及燃烧过程的影响。研究结果表明，发动机工作在 2500r/min 时，OP2S 中组织缸内滚流能有效提高缸内空气利用率，最高可高出 8%。但是，OP2S 工作在该工况下涡流进气口扫气效率比滚流进气口扫气效率高 14.9%。换气结束后涡流进气口与滚流进气口对应缸内气体 EGR 率分别为 12.5% 和 24%，滚流进气口对应缸内 EGR 率比涡流进气口缸内 EGR 率高出 1 倍。对于传统二冲程直流扫气柴油机进气口的研究也表明，滚流进气口不利于缸内换气过程的进行[32,33]。柴油机中 EGR 率过大会导致燃烧不充分，效率、功率密度降低。因此，本节综合考虑涡流进气口和滚流进气口对扫气效率及空气利用率的影响，选用涡流进气口进行进一步优化研究。

5.3.2　进气腔结构形式对气流运动的影响

由上文分析可知，基于降低发动机缸内 EGR 率、提高扫气效率的考虑，OP2S 采用涡流进气口，但是组织缸内涡流使得缸内湍动能水平较低不利于混合气形成及燃烧过程的进行。研究表明，组织缸内斜轴涡流能有效提高缸内湍动能水平，本节将通过耦合仿真模型计算分析 OP2S 中组织缸内斜轴涡流的方法，为换气系统的优化提供方向。

四冲程汽油机中一般通过在螺旋进气道中设置导向叶片，使气流通过导向叶片后产生涡流动量矩的同时也产生滚流动量矩，使气流进入气缸后形成斜轴涡流。OP2S 涡流进气口均匀分布在气缸缸套上，通过气腔结构设计可使气流进入不同进气口时初始动量不同，进入气缸后利用气流间的相互作用产生绕气缸轴线垂线的滚流动量矩。本节在研究过程中提出了一种非对称气腔结合进气口倾角组织缸内斜轴涡流的方法，图 5.19 所示为 OP2S 斜轴涡流形成原理，进气过程中流向进气腔入口远端气口的气流受到气腔壁面的摩擦及结构突变造成的沿程损失使得气流速度和流量降低，气流进入气缸以后气流在周向和径向的速度分量小；靠近进气腔入口端的气口附近气流动量损失少，进气气流运动速度和流量较大，气流进入气缸以后气流在周向和径向的速度分量大。两侧气流相互作用后最终形成绕气缸轴线垂线方向运动的动量矩；同时由于进气口径向倾角的导流作用，缸内气流同时形成绕气缸轴线方向运动的动量矩。气流在绕气缸轴线垂线方向运动的动量矩和绕气缸轴线方向运动的动量矩的作用下形成缸内斜轴涡流。

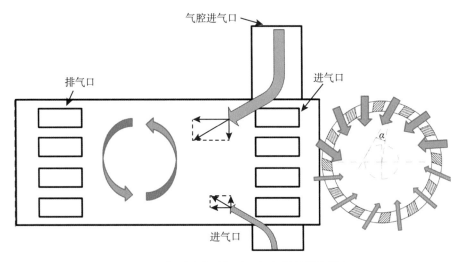

图 5.19　非对称式进气腔组织缸斜轴涡流原理

　　气腔结构对扫气气流阻力和缸内初始涡、滚流水平及气流运动速度都有影响。因此，气腔结构对发动机工作过程的影响最有可能从扫气气流速度、流量、扫气效率，缸内气流涡流比、滚流比，平均运动速度及湍动能等评价指标中找到。

　　气腔结构对进气阻力及缸内气流运动都有决定性的影响。为了研究非对称气腔对缸内流动的影响，本节对比分析了涡流进气口倾角为 20° 时，对称气腔与非对称气腔对缸内流动特性的影响。图 5.20、图 5.21 所示分别为对称进气腔和非对称进气腔实体模型。气腔的结构设计充分考虑了 OP2S 机体的结构特点，两种气腔容积相等。在此基础上分别建立相应的 CFD 仿真模型，模型的建立及计算设置参考 5.3.1 节中的设置。计算区间为排气口开启时刻（100℃A）至下一循环排气口开启时刻（460℃A），气缸容积最小点为（360℃A）。

　　扫气气流平均运动速度和扫气流量可定性表征进气系统对气流运动的阻力。图 5.22 所示为不同进气腔结构对扫气气流平均运动速度的影响。图 5.23 所示为不同进气腔结构对扫气气流流量的影响。扫气前期和中期，对称气腔的扫气气流平均运动速度和扫气流量明显大于非对称气腔的进气气流平均运动速度和扫气流量；随着曲轴转角的变化，扫气后期（215℃A 后）非对称气腔对应的进气气流平均运动速度和扫气气流流量明显大于对称气腔对应的进气气流平均运动速度和扫气气流流量。

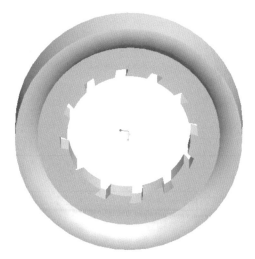

图 5.20　对称式进气腔

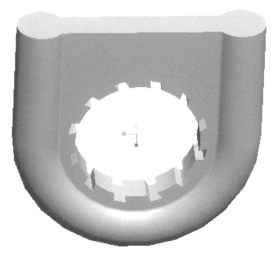

图 5.21　非对称式进气腔

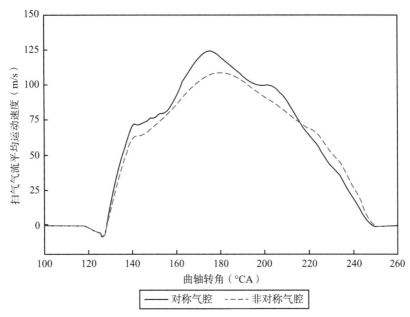

图 5.22　进气腔结构对扫气气流平均运动速度的影响

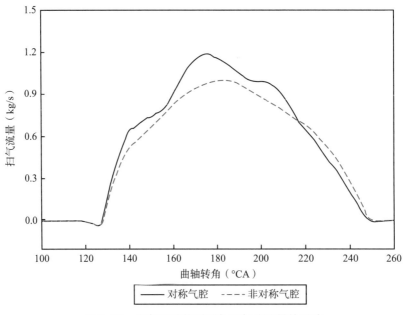

图 5.23　进气腔结构对进气口气流流量的影响

图 5.24 所示为发动机工作在不同转速时，对称气腔和非对称气腔发动机扫气效率对比。非对称气腔对扫气气流阻力大，因此其对应的扫气效率比对称气腔对应的扫气效率略低。当发动机工作在 1500r/min 时，非对称气腔对应扫气效率比对称气腔对应扫气效率低 0.71%；当转速变化到 2500r/min 时，非对称气腔对应扫气效率比对称气腔对应扫气效率低 4%；当转速为 3500r/min 时，非对称气腔对应扫气效率比对称气腔对应扫气效率低 4.1%。

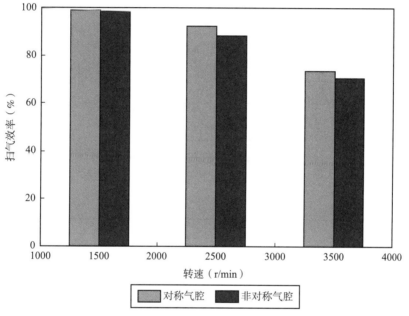

图 5.24 进气腔结构对扫气效率的影响

缸内气流运动可分解为绕气缸轴向运动的涡流和绕气缸轴线垂线运动的滚流，因此可分别用涡流比和滚流比来表征缸内涡流和滚流强度。图 5.25 所示为不同进气腔结构对涡流比的影响，对称气腔结合涡流进气口组织缸内涡流水平明显高于非对称气腔结合进气倾角组织的缸内涡流水平。图 5.26 所示为不同进气腔结构对滚流比的影响。对称气腔对应的缸内气流几乎没有滚流运动，而非对称气腔对应的缸内气流滚流比在压缩过程中不断上升，在 315℃A 左右达到最大值，随后滚流受压破碎，滚流比不断降低。由此可以推测，采用非对称气腔结合涡流进气口能有效组织缸内斜轴涡流，滚流分量在气缸容积最小点前破碎成湍流，有利于提高气缸容积最小点附近缸内气流湍动能。

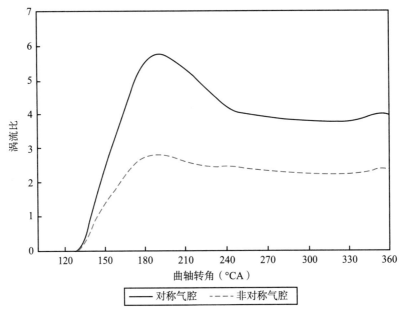

图 5.25　进气腔结构对缸内气流涡流比的影响

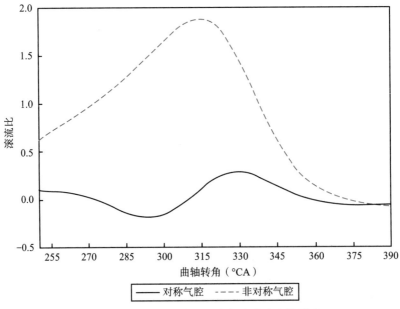

图 5.26　进气腔结构对缸内气流滚流比的影响

图 5.27 所示为缸内气流平均运动速度随进气腔结构的变化情况。研究表明，缸内涡流水平和活塞运动速度大小是影响缸内气流平均运动速度的主要因素[[12]]。对称气腔组织缸内气流的涡流比较大，因此对称气腔对应的缸内气流平均运动速度高于非对称气腔对应的缸内气流平均运动速度。

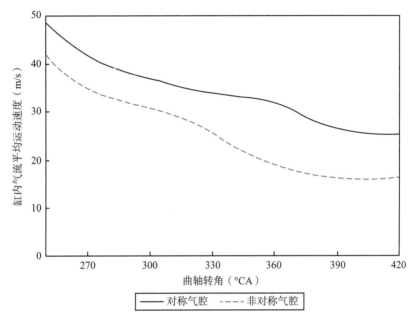

图 5.27　进气腔结构对缸内气流平均运动速度的影响

图 5.28 所示为缸内气流湍动能随进气腔结构的变化情况。非对称气腔组织的缸内斜轴涡流的滚流分量在压缩过程中由于滚流不断破碎成湍流，湍动能水平急剧上升，在 340℃A 左右达到峰值；对称气腔对应的缸内气流由于没有滚流，在压缩过程中涡流不断衰减导致缸内湍动能水平也随曲轴转角的变化不断衰减。燃油在 347℃A 喷入气缸，此时非对称气腔对应的缸内湍动能水平比对称气腔对应的缸内湍动能水平高 47.9%；试验中测得该工况下燃烧起始点为 358℃A，此时非对称气腔对应的缸内湍动能水平比对称气腔对应的缸内湍动能水平高 47%。燃油喷射在 380℃A 左右结束，整个喷油持续期内，非对称气腔对应的缸内湍动能水平都高于对称气腔对应的缸内湍动能水平。

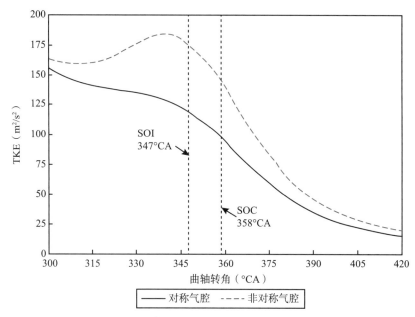

图 5.28　进气腔结构对缸内气流湍动能的影响

图 5.29 所示为不同气腔结构时缸内湍动能分布 Z–Z 方向视图。图 5.30 所示为不同气腔结构时缸内湍动能分布 X–X 方向视图。当曲轴转角由 300℃A 变化到 360℃A 时，对称气腔缸内气流湍动能水平不断衰减；而非对称气腔缸内气流湍动能水平呈现先增加后降低的规律，缸内气流湍动能水平在 340℃A 左右达到最大值，湍动能较大的区域集中在气缸中心区域，湍动能最大值约为 400m²/s²，缸套附近气流湍动能水平低，有利于燃油喷入气缸中心区域，提高空气利用率。

采用非对称气腔结合进气口径向倾角能组织缸内斜轴涡流。缸内斜轴涡流既有涡流的优点又有滚流的优点，在压缩过程中滚流成分不断破碎形成湍流，因此在气缸容积最小点前缸内湍动能出现峰值，有利于缸内混合气的形成。

综上所述，虽然非对称气腔对气流阻力大导致扫气效率相对于对称气腔有所下降，但是扫气效率衰减量在发动机 1500r/min、2500r/min、3500r/min 时分别只有 0.71%、4%、4.1%，这种扫气效率的衰减对于柴油机缸内混合及燃烧过程影响较小。非对称气腔组织缸内斜轴涡流能有效提高气缸容积最小点附近缸内湍动能水平，在燃油喷射始点和起燃点其增量分别为 47.9% 和 47%。因此，采用非对称气腔结合扫气倾角对扫气效率影响较小，但是可有效提高发动机缸内湍动能水平。

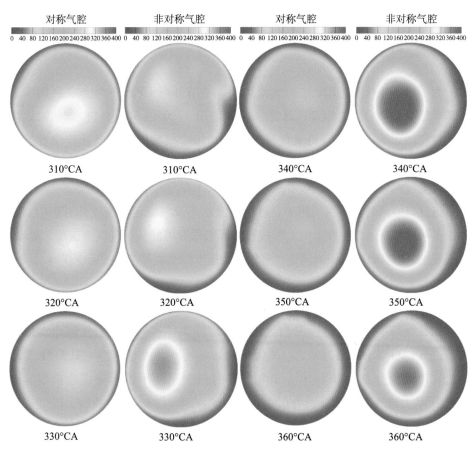

图 5.29　气腔结构对缸内气流湍动能分布的影响：$Z-Z$

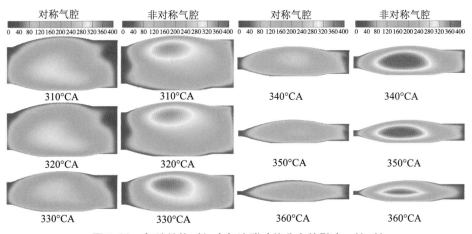

图 5.30　气腔结构对缸内气流湍动能分布的影响：$X-X$

5.3.3 进气口倾角对缸内流动过程的影响

为了进一步优化 OP2S 缸内气流运动，本节针对 OP2S 的特点，利用本书第 2 章建立的耦合仿真模型，计算分析 0°、10°、20° 及 30° 进气口倾角对缸内流动过程的影响，最终获得最优进气口倾角值。模型的建立及计算设置参考 5.3.1 节中的设置。计算区间为排气口开启时刻（100℃A）至下一循环排气口开启时刻（460℃A），气缸容积最小点为 360℃A。

进气口倾角对扫气气流阻力、缸内涡流水平及气流运动速度都有影响。因此，不同进气口倾角对发动机工作过程的影响最有可能从扫气气流速度、流量、扫气效率，以及缸内气流涡流比、平均运动速度湍动能等评价指标中获得。

5.3.3.1 进气口倾角对换气过程的影响

扫气气流平均运动速度和扫气流量可定性表征进气系统对气流运动的阻力，进气口对气流的阻力越大，气流平均运动速度和流量越小。图 5.31 所示为进气口倾角分别为 0°、10°、20°、30° 时扫气气流平均运动速度曲线。图 5.32 所示为进气口倾角分别为 0°、10°、20°、30° 时扫气流量曲线。进气口开启后，由于缸内气体回流导致气流速度和流量值为负数。扫气初始阶段（120℃A ~ 140℃A），进气口倾角变化对扫气气流运动速度及扫气流量影响很小。随着曲轴转角的变化，不同倾角的进气口对气流运动速度及扫气流量呈现不同的影响规律：当进气口倾角由 0° 增加到 10° 时，气缸容积最大点后气流运动速度及流量增加；当进气口倾角增加到 20° 时，与进气口倾角为 0° 时相比，气流平均运动速度及扫气流量明显降低，气流运动速度和流量最大衰减量分别为 8.6% 和 7.6%；当扫气口倾角继续增加到 30° 时，气流平均运动速度及扫气流量继续降低，与进气口倾角为 0° 时相比，气流运动速度和流量最大衰减量分别为 14.6% 和 12.7%。

扫气过程中缸内气体按照成分不同可分为新鲜充量区、混合区及废气区，扫气开始一段时间后，新鲜充量在进气口倾角的作用下绕气缸轴线做旋转运动形成涡流，并与缸内废气产生"分层"，新鲜空气由进气口进入气缸后盘旋运动并推动废气往排气端运动，气流盘旋运动速度在很大程度上影响着扫气的进程。因此，缸内气流轴向运动速度可定性表征扫气进程的快慢。

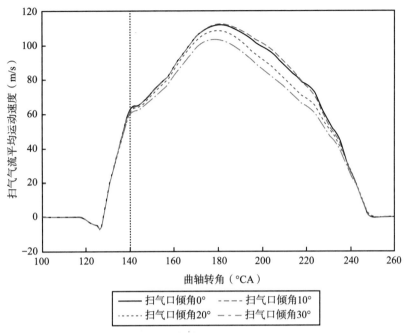

图 5.31　进气口倾角变化对气流速度的影响

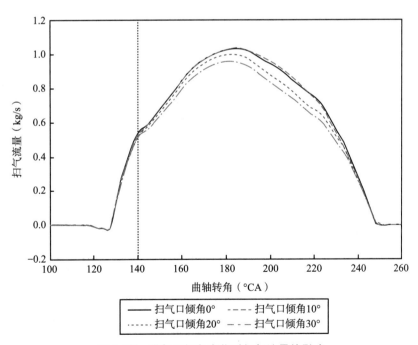

图 5.32　进气口倾角变化对扫气流量的影响

图 5.33 所示为扫气过程中缸内气流轴向运动速度随进气口倾角大小的变化情况。轴向速度越大说明缸内扫气气流盘旋推动废气运动速度越快，扫气进程越快。与 0°倾角进气口相比，10°倾角进气口对缸内气流轴向速度影响不明显，但是，当进气口倾角为 20°和 30°时缸内气流轴向速度与 0°进气口倾角时相比明显降低，说明 20°和 30°倾角进气口增加了气流运动的阻力，使得扫气进程滞后。

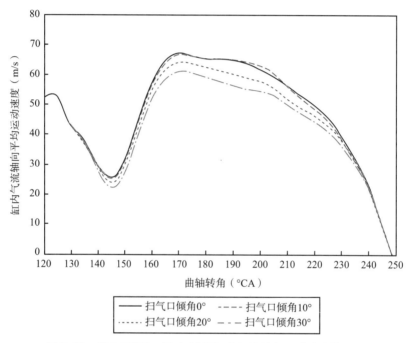

图 5.33　进气口倾角对扫气过程缸内气流轴向运动速度的影响

图 5.34 所示为发动机工作在 2500r/min、75％负荷工况下，进气口倾角分别为 0°、10°、20°、30°时发动机的扫气效率。当进气口倾角由 0°增加到 10°时，扫气效率增加了 0.3％；当进气口倾角由 10°增加到 20°时，扫气效率与 0°进气口倾角相比降低了 2.5％；当进气口倾角继续增加到 30°时，扫气效率与 0°进气口倾角相比降低了 6.7％。

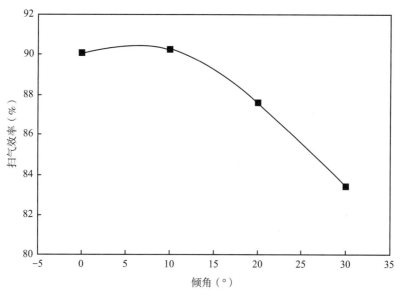

图 5.34　进气口倾角对扫气效率的影响

5.3.3.2　进气口倾角对缸内气流运动规律的影响

图 5.35 所示为缸内涡流比随进气口倾角的变化情况。IPO 为进气口开启时刻,进气口在 125℃A 开启后,由于扫气口气体回流,缸内并不马上形成涡流,而是稍有滞后。随着曲轴转角的变化,进气气流在缸内碰撞摩擦导致气缸内逐渐形成小尺度涡流,涡流比开始逐渐升高。随着进气口开启面积的不断增大到峰值,大量新鲜空气在进气口的导流作用下形成涡流动量矩,导致涡流比骤增,涡流比增加的趋势随进气口倾角的增加而增加。当进气口倾角分别为 10°、20° 和 30° 时,缸内气流涡流比在进气口开启面积峰值点附近也达到峰值,三种进气口倾角对应的涡流比峰值大小分别为 1.5、2.8 和 4.3。此后,随着进气口开启面积的不断降低,涡流比呈现一定程度的衰减趋势,IPC 为进气口关闭时刻,进气口关闭后缸内气流涡流比相对稳定。进气口关闭时,10°、20°、30° 进气口倾角对应的缸内气流涡流比分别为 1.4、2.4、3.6。压缩过程中缸内气流涡流比相对稳定,涡流比大小随着进气口倾角的增大而增大。

图 5.36 所示为进气口倾角变化对缸内气流平均运动速度的影响。由于涡流比和活塞运动速度是影响缸内气流平均运动速度的决定性因素[79],因此,

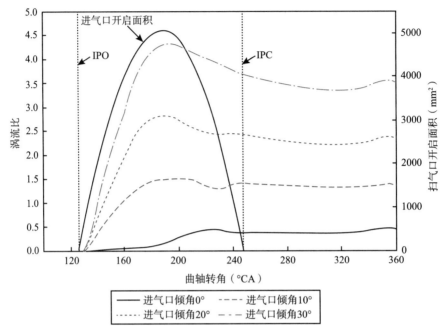

图 5.35　进气口倾角变化对涡流比的影响

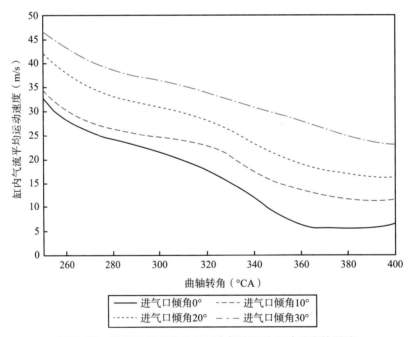

图 5.36　进气口倾角变化对缸内气流平均运动速度的影响

缸内气流平均运动速度随进气口倾角的增大而增大。同时，压缩过程中缸内涡流的衰减作用导致缸内气流平均运动速度也不断衰减。

图 5.37 所示为进气口倾角变化对喷油初始时刻缸内气流运动速度分布的影响。当进气口倾角（TA）为 0°时，缸内无统一的涡流；当进气口倾角为 10°时，缸内涡流已经出现一定程度的衰减；当进气口倾角为 20°和 30°时，缸内仍然有很强的涡流运动。从缸内气流运动速度来分析，进气口倾角为 30°时缸内气流运动速度明显高于其他进气口倾角时缸内气流运动速度。但是，气流运动速度较大的区域多集中在气缸套附近，气缸中心区域气流运动速度与进气口倾角为 20°时缸内气流运动速度相比，并无太大优势。

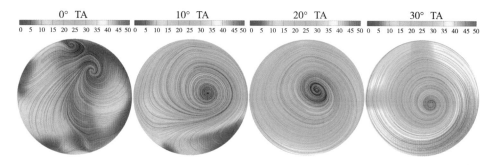

图 5.37　进气口倾角变化对喷油初始时刻缸内气流运动速度的影响：$Z-Z$

图 5.38 所示为气缸容积最小点附近缸内气流平均湍动能水平随进气口倾角变化情况。由于缸内斜轴涡流中的滚流成分在压缩过程中不断破碎成湍流，因此缸内气流平均湍动能在气缸容积最小点前出现一个峰值。其中进气口倾角为 20°时，缸内气流平均湍动能峰值为 251.5$\mathrm{m}^2/\mathrm{s}^2$。

SOI 是喷油起始点，试验测得计算工况下的 SOI 为 347℃A；SOC 是燃烧起始点，试验测得该工况下起燃点为 358℃A。从 SOI 到 SOC 的时间段内，当进气口倾角为 20°时缸内气流平均湍动能水平最高。与 0°进气口倾角相比，10°进气口倾角并不能提高气缸容积最小点附近缸内气流平均湍动能水平；20°进气口倾角和 30°进气口倾角能够显著提高缸内气流平均湍动能水平。喷油起始点（SOI）时，20°进气口倾角对应的缸内气流平均湍动能水平比 0°进气口倾角对应的缸内气流平均湍动能水平高出 20.9%；30°进气口倾角对应的缸内气流平均湍动能水平比 0°倾角对应的缸内气流平均湍动能水平高出 12.1%；燃烧起始点（SOC）时，20°进气口倾角对应的缸内气流平均湍动能水平比0°倾角对应的缸内气流平均湍动能水平高出29.9%，而30°进气口倾角对应的缸内气流平均湍动能水平比0°进气口倾角对应的缸内气流平均湍动能水平高出20%。燃油喷射在380°CA（气缸容积最小点后20°CA）结束，当进气口倾角为20°时，缸内气流平均湍动能水平在整个喷油持续期内都明显高于其他进气口倾角时的缸内气流平均湍动能水平。

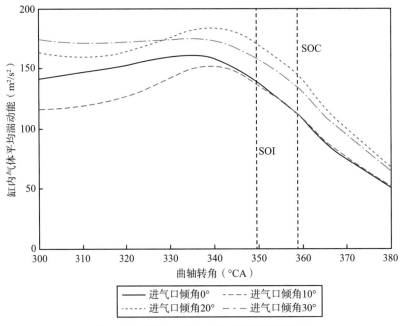

图5.38　进气口倾角变化对湍动能的影响

为了进一步分析进气口倾角变化对缸内湍动能分布的影响，图5.39、图5.40分布列举了喷油初始时刻（SOI）与燃烧起始点时刻（SOC）进气口倾角变化对缸内气流湍动能分布的影响。当进气口倾角为0°和10°时，缸内气流湍动能水平较低，且湍动能并没有形成明显的强度梯度。当进气口倾角为20°和30°时，缸内气流湍动能水平明显高于进气口倾角为0°和10°时，同时缸内湍动能产生明显的强度梯度，气缸中心区域湍动能明显高于其他区域。

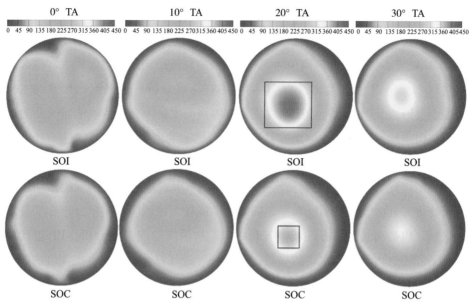

图 5.39　进气口倾角变化对缸内湍动能分布的影响：$Z-Z$

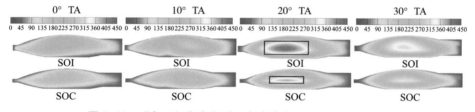

图 5.40　进气口倾角变化对缸内湍动能分布的影响：$X-X$

　　OP2S 燃油从气缸圆周方向喷入气缸，气缸中心区域接近涡流运动中心，因此气流运动速度小不利于油气混合，而 20°和 30°进气口倾角能显著提高气缸中心区域湍动能水平，有利于提高气缸中心区域的混合气形成速率，在一定程度上缓解 OP2S 气缸中心区域油气混合的不足。当进气口倾角为 20°时，缸内气流湍动能水平及湍动能分布具有明显的优势。喷油始点（SOI）时，缸内最大湍动能值在喷油初始时刻可达 $400\text{m}^2/\text{s}^2$；随着曲轴转角变化到燃烧起始点（SOC）时，缸内湍动能水平有所衰减，最大湍动能值为 $320\text{m}^2/\text{s}^2$。

　　综上所述，当进气口倾角为 10°时，扫气气流受到的阻力最小。因此，发动机扫气效率在进气口倾角为 10°时达到最大值。与进气口倾角为 0°时相比，进气口倾角为 10°时扫气效率增加了 0.3%，当进气口倾角为 20°和 30°时扫气效率分别降低了 2.5% 和 6.7%。缸内气流运动速度随进气口倾角的增大而增大，压缩初始时刻 10°、20°、30° 进气口倾角对应的缸内气流涡流比分别为 1.4、2.4、3.6。当进气口倾角为 30° 时，缸内气流平均运动速度最大。霍夫鲍尔（Hofbauer）[14] 和弗兰克（Franke）[11] 通过仿真分析缸内涡流比与喷油速率对混合气形成及燃烧过程的影响发现，缸内涡流比过大会导致喷油器喷孔附近气流切向运动速度增加，油束容易被吹偏，燃油油束很难到达气缸中心区域，使得燃烧室中心区域空气利用率低，燃烧容易发生在燃烧室表面，导致传热损失增加。因此，OP2S 缸内涡流水平不宜太高。OP2S 理想的缸内气流运动应该尽可能提高缸内气流湍动能水平，同时湍动能较大区域应该尽量分布在气缸中心区域，以提高气缸中心区域空气利用率。从湍流动能角度分析，10° 进气口倾角不利于缸内湍动能水平的提高；20° 和 30° 进气口倾角能显著提高缸内湍动能水平，其中 20° 进气口倾角组织的缸内气流湍动能最大。与 0° 进气口倾角相比，20° 进气口倾角增加了扫气气流的阻力，但是扫气效率仅仅降低了 2.5%，这对柴油机的性能影响很小；而 20° 进气口倾角组织的缸内气流湍动能在喷油始点（SOI）和燃烧始点（SOC）分别为提高了 20.9% 和 29.9%，且气缸中心区域湍动能较高。因此可以推测，采用 20° 进气口倾角组织缸内气流能使 OP2S 获得较好的混合及燃烧性能。

5.4　本　章　小　结

本章针对 OP2S 活塞运动规律、燃烧室的特点对比分析了 OP2S 与传统柴油机缸内气流运动的不同，在此基础上利用第 2 章所建立的耦合仿真模型，探索了 OP2S 缸内斜轴涡流的组织方案，同时研究了进气口倾角对缸内气流运动的影响，最终获得了最优的进气系统结构方案。通过仿真研究获得以下结论：

（1）由于 OP2S 采用扁平燃烧室，因此缸内挤流水平远低于传统柴油机 ω 型燃烧室组织的挤流水平，膨胀过程初期缸内逆挤流水平也远低于传统柴油机 ω 型燃烧室组织的逆挤流水平。压缩过程中，传统柴油机中气流径向平均速度最大值比 OP2S 中气流径向平均速度最大值高出 37%；膨胀开始阶段，传统柴油机中缸内气流径向平均速度最大值比 OP2S 中气流径向平均速度最大值高出 41%。

（2）排气活塞在气缸容积最小点前 8.5℃A 活塞运动速度为 0，而进气活塞在气缸容积最小点后 8.5℃A 活塞运动速度为 0，容积最小点前 8.5℃A 到容积最小点后 8.5℃A 区间内进、排气活塞运动速度大小、方向都一致。压缩初始阶段，OP2S 两个活塞同时压缩气流使得气流轴向平均运动速度远低于传统柴油机；随着压缩的进行，当活塞接近气缸容积最小点时，OP2S 两个活塞运动相位差使得活塞在气缸容积最小点附近运动方向一致，气缸容积最小点时活塞运动速度不为 0，这种独特的活塞运动规律使气缸容积最小点附近缸内气流轴向运动速度大，湍动能水平明显增加。

（3）滚流进气口虽然能提高气缸容积最小点附近的气流湍动能水平，但是滚流进气口不利于提高发动机扫气效率。研究结果表明，发动机工作在 2500r/min 时，OP2S 中组织缸内滚流最高可提高 8% 的空气利用率。但是，OP2S 工作在该工况时，涡流进气口扫气效率比滚流进气口扫气效率高 14.9%。换气结束后涡流进气口与滚流进气口对应缸内气体 EGR 率分别为 12.5% 和 24%，滚流进气口缸内气体对应缸内 EGR 率比涡流进气口缸内 EGR 率几乎高出 1 倍。因此，从发动机工作循环考虑，涡流进气口更有利于提高发动机的性能。

（4）虽然非对称气腔对气流阻力大导致扫气效率相对于对称气腔有所下降，但是扫气效率衰减量在发动机 1500r/min、2500r/min、3500r/min 时分别只有 0.71%、4% 及 4.1%，这种扫气效率的衰减对于柴油机缸内混合及燃烧过程影响较小。非对称气腔组织缸内斜轴涡流能有效提高气缸容积最小点附近缸内湍动能水平，在燃油喷射始点和起燃点其增量分别为 47.9% 和 47%。因此，采用非对称气腔结合扫气倾角对扫气效率影响较小，但是可有效提高发动机缸内湍动能水平。

（5）与 0° 倾角相比，20° 倾角虽然降低扫气效率，但是扫气效率衰减量只有 2.5%，对于柴油机缸内混合及燃烧过程影响较小；但是，20° 倾角能明显提高缸内湍动能水平，湍动能增量在喷油始点和燃烧始点分别为 29.9% 和 20.9%，且湍动能较高区域集中在气缸中心区域，在一定程度上能缓解 OP2S 气缸中心区域空气利用率低的问题。因此可以推测，采用 20° 倾角组织缸内气流能有效提高缸内混合气形成及燃烧性能。

第 6 章

换气预测与模型研究

在 OP2S 柴油机工作过程分析的基础上，本章采用 GT – Power 软件建立了工作过程仿真模型；同时，结合换气过程和整机工作过程的实验结果，对仿真模型中的扫气模型、进排气模型和燃烧模型等进行校核验证。最后，采用校核后的仿真模型对 OP2S 柴油机的换气品质对缸内工作过程的影响规律进行仿真研究，总结出适用于 OP2S 柴油机匹配机械增压器的方法。

6.1 缸内工作过程模型校核

在 OP2S 柴油机工作过程分析的基础上，采用 GT – Power 软件对进排气系统、扫气系统、缸内燃烧系统和传热系统等几个系统分别进行模块化仿真建模。其中燃烧模型采用零维燃烧模型，应用 Wiebe 放热经验公式描述气缸内燃烧进行情况；传热模型采用 Woschni 模型，计算高温气体对气缸四壁以及活塞的传热情况。由于 OP2S 柴油机的工作过程与传统柴油机有很大区别，在建模过程中采取适当的等效处理，因此对模型中关键参数的校核和验证非常有必要。

6.1.1 模型等效假设

在建立仿真模型时，OP2S 柴油机没有直接可用的物理模型，因此本章进行模型等效变换。遵循以下 3 个原则：一是活塞运动规律不变；二是主要结构参数不变，包括发动机的缸径、冲程和压缩比；三是工作容积变化规律不变。依照以上原则进行如下等效：

（1）单缸机模型中缸内对置的两个工作活塞等效为一个工作活塞，只是其对应于曲轴转角的工作位移为左右两个活塞位移数值的总和。

（2）以活塞位置相距最近处定义为上止点，且定义此时活塞的相对位移为 0，以此为基准等效出 360° 转角下活塞的相对位移，如图 6.1 所示。

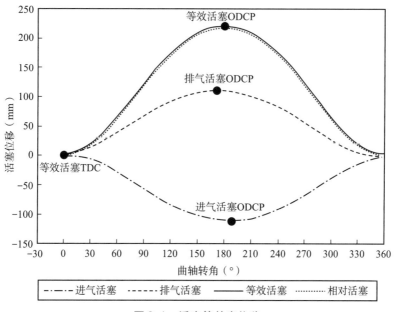

图 6.1　活塞等效率位移

（3）两缸模型中注意发火顺序，即对应模型中发火间隔角为 180°；同时注意进排气系统，多缸机有总管和歧管之分。进行等效转化的模型如图 6.2 所示。

（4）缸内工质状态均匀，为理想气体，气体的流动过程为准稳态流动过程，工质进出口处的流动动能忽略不计。大气温度、压力按国际大气标准确定。

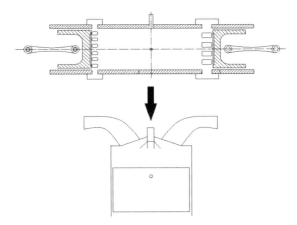

图6.2 对置式模型转换为单缸机模型

6.1.2 活塞运动规律及压缩比的校核

压缩比是柴油机工作过程中重要的性能参数，发动机一般有几何压缩比与有效压缩比之分。在一维仿真计算中，压缩比的合理选取非常重要[74-76]。为得到较为合适的压缩比，在发动机转速1200r/min、0%负荷时，将输入不同压缩比计算的缸内压力曲线与实验所测得的缸压曲线的纯压缩部分作对比，如图6.3所示。可以看出，随着压缩比的增加，气缸容积最小点附近的缸压值越大。

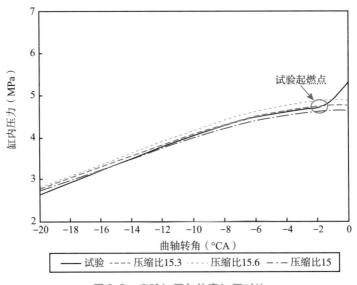

图6.3 实验缸压与仿真缸压对比

由于缸内的热力过程与活塞运动规律紧密结合，因此可以通过验证热力学模型纯压缩过程中缸内瞬时压力来实现活塞运动规律的验证。由图 6.3 可知，该工况下，发动机有效压缩比设置为 15.3 时计算值与实验值压缩部分吻合较好，因此可推测活塞运动规律计算值与实际情况基本一致。其他工况压缩比的选取方法相同。

6.1.3　韦伯燃烧模型的校核

燃烧模型采用双韦伯非预测燃烧模型，不需要对喷雾过程进行详细描述。计算过程中只需提供循环喷油量即可。起燃点和燃烧持续期一般可通过实验测得放热规律分析燃烧特性获得。燃烧模型的标定主要通过标定燃烧品质系数来实现。

一维模型中需要定义的韦伯燃烧模型特征参数如表 6.1 所示。滞燃期、预混比例是用来表征燃烧过程中滞燃期的长短和滞燃期内混合的燃料比例；预混燃烧持续期、扩散燃烧持续期分别表征预混燃烧所占曲轴转角及扩散燃烧所占曲轴转角。预混燃烧因子与扩散燃烧因子分别对应公式（2.29）中的表征预混燃烧品质的韦伯因子 m_p 和公式（2.31）中表征扩散燃烧品质的韦伯因子 m_d。韦伯因子随发动机工况的变化而变化，本章在此只介绍工况为 1200r/min、0%负荷时韦伯因子的校核，其他工况模型的标定方法与之相同。

表 6.1　　　　　　　　　　韦伯燃烧模型的特征参数

参数	单位	参数	单位
滞燃期	℃A	预混比例	—
扩散燃烧持续期	℃A	预混燃烧持续期	℃A
预混燃烧因子	—	扩散燃烧因子	—

图 6.4 所示为预混燃烧因子对缸内放热率的影响，图 6.5 所示为预混燃烧因子对缸内压力的影响。随着预混燃烧因子的增加，预混燃烧阶段初期放热速率降低，缸内气体压力低，预混峰值点滞后，预混燃烧后期放热速率高；预混燃烧因子对扩散燃烧放热率影响微弱。总体来看，该工况下预混燃烧因子为

0.8 时，预混放热规律与实验值吻合较好。

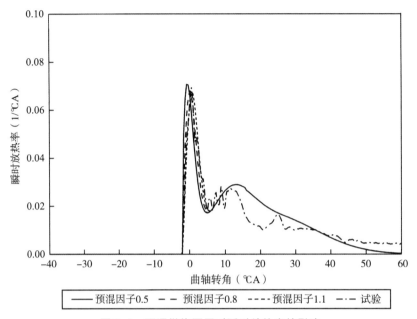

图 6.4　预混燃烧因子对瞬时放热率的影响

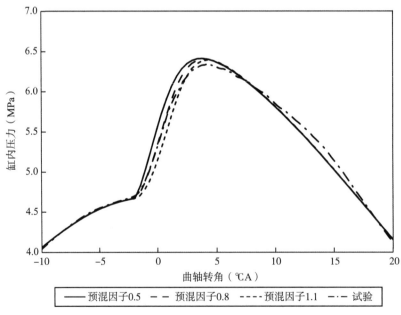

图 6.5　预混燃烧因子对缸内压力计算值的影响

图 6.6 所示为扩散燃烧因子对瞬时放热率的影响，图 6.7 所示为扩散燃烧

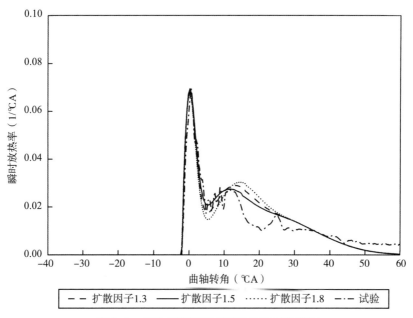

图 6.6　扩散燃烧因子对瞬时放热率的影响

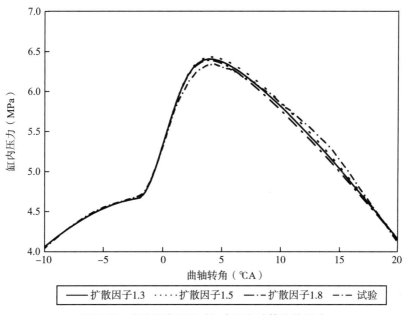

图 6.7　扩散燃烧因子对缸内压力计算值的影响

因子对缸内压力计算值的影响。随着扩散燃烧因子的增加，放热率曲线上预混燃烧与扩散燃烧曲线间的谷值不断降低，扩散燃烧初期放热速率降低，扩散燃烧后期放热速率上升，同时扩散燃烧峰值不断增加。总体来看，该工况下扩散燃烧因子为 1.5 时，扩散燃烧放热率峰值及峰值位置都与实验值吻合较好。

6.1.4 理想扫气过程模型

为了评价二冲程柴油机的扫气情况，在本森模型中假设了完全清扫、完全混合和完全短路三种理论的扫气极端情况，将扫气过程假设为绝热、等压过程，并把按照这些假设求得的效率作为与实际效率相比较的标准。

OP2S 柴油机的换气过程具有介于完全混合扫气和完全扫气之间的扫气特性，石磊等[110]认为，用本森模型来表示直流扫气二冲程发动机的扫气过程较为普遍。其中完全清扫模型如图 6.8 和图 6.9 所示，是二冲程柴油机在换气过程中最理想的情况，假定新鲜充量进入气缸与上一循环的废气不发生混合，也不与废气和气缸壁发生热交换，而且在废气全部排出之前，没有任何空气从排气口溢出。完全混合扫气模型同样见图 6.8 和图 6.9，是假定新鲜充量在进入

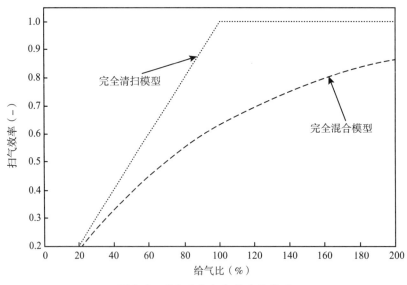

图 6.8　给气比与扫气效率的关系

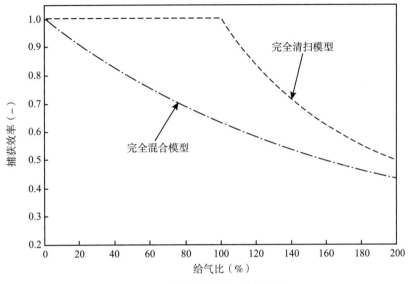

图 6.9 给气比与捕获率的关系

气缸的瞬间与上一循环的废气完全混合，然后从排气口排出，排出的气体成分与气缸中完全混合后的气体成分相同。在整个扫气过程中都会有新鲜气体从排气口排出。完全短路是假设空气进入气缸就直接从排气口排出，是扫气过程最不理想的情况。

针对完全清扫扫气模型，捕获率η_{tr}、扫气效率η_s与给气比l_0之间关系如下：

$$当 l_0 \leqslant 1 时 \eta_s = l_0，\quad \eta_{tr} = 1$$
$$当 l_0 > 1 时 \eta_s = 1，\quad \eta_{tr} = 1/l_0 \tag{6.1}$$

而完全混合扫气模型中，捕获率η_{tr}、扫气效率η_s与给气比l_0之间关系如下：

$$\eta_{tr} = \frac{1}{l_0} \times (1 - e^{-l_0})$$

$$\eta_s = 1 - e^{-l_0} \tag{6.2}$$

真实的二冲程的换气过程是介于完全混合扫气和完全清扫换气之间的情况，当扫气阶段开始时，排气口排出的气体全部为上一循环的燃烧产物，此时为完全清扫过程；随着扫气的进行，大量的新鲜空气进入气缸后，一部分空气与废气发生掺混，此时，排气口排出的气体为大量废气与少量新鲜空气的混合气，随着扫气的继续，在排气口排出的混合气中，新鲜空气的比例不断增大，此时的扫气过程是介于完全清扫和完全混合之间，石磊等[110]、丰琳琳[111]中定义该扫气过程为"浓排气"扫气模型。其中扫气模型如下：

$$\eta_s = \begin{cases} 1 - e^{-k \cdot l_0} & l_0 > l_c \\ l_0 & l_0 \leq l_c \end{cases} \qquad (6.3)$$

式中，η_s 为扫气效率，l_0 为给气比，k 为扫气质量指数。

从图 6.10 中可以看出使用不同扫气质量指数的情况下扫气效率与给气比的关系。其中，完全混合模型 k 值为 1，如式（6.2）所示。

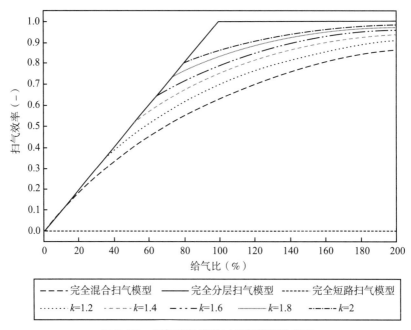

图 6.10　扫气质量指数对扫气模型的影响

6.1.5　进排气模型的校核

进排气系统完全按照实验台架实际尺寸进行建模，图 6.11 和图 6.12 分别为柴油机转速 1200r/min、压气机转速 55000r/min 时的进排气瞬态压力实验值与仿真值的对比。二者具有较好的一致性，进一步验证了进排气系统模型的准确性。

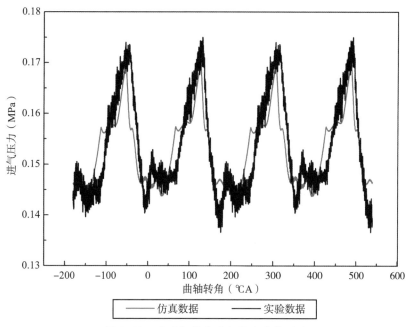

图 6. 11 实验与仿真进气压力曲线对比

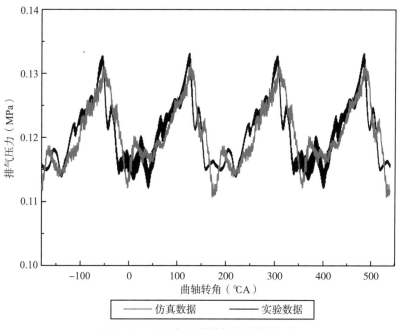

图 6. 12 实验与仿真排气压力曲线对比

6.1.6 仿真模型与实验的误差分析

采用仿真模型计算得到的结果与实验值存在一定误差，造成这些差异的主要原因如下：

（1）模型设置与实验条件不完全一致。在一维仿真计算中，模型初始条件的设置存在很多简化和假设，对于边界条件的定义也采用定常数设置，而实际的边界条件随时间不断变化。

（2）仿真计算中所采用的模型多为经验公式，不能完全真实地模拟缸内工作过程。一维热力学仿真过程中，采用经验公式模拟发动机燃料燃烧放热规律及缸内气体与外界的传热损失。

（3）测试仪器的测量误差。实验中采用的测试仪器自身也不可避免地存在一定程度的误差，导致实验与仿真结果出现差异。

6.2　扫气模型的建模和校验

6.2.1 换气过程状态参数

6.2.1 节中的本森扫气模型只给出了三种极端扫气过程，而实际的扫气过程是完全清扫、完全混合和完全短路三种极端情况按一定比例组合的结果[94,110]。工程上通常采用其他的方法对实际换气过程进行描述，如 GT – Power 软件中的扫气模型[112]采用另一种定义方式，即通过定义扫气过程中缸内瞬时废气系数（cylinder residual ratio）和排气瞬时废气系数（exhaust residual ratio）两个状态参数的关系曲线表示，如图 6.13 所示。

该扫气曲线包含两个重要参数：

6.2.1.1 瞬时缸内废气系数η_R

瞬时缸内废气系数是：在换气过程中，缸内某一时刻的残余废气占缸内总气量的比。瞬时缸内废气系数为 0，说明此时缸内气体由新鲜空气和未燃烧的燃油组成；瞬时缸内废气系数为1，说明此时缸内气体完全是已燃气体。

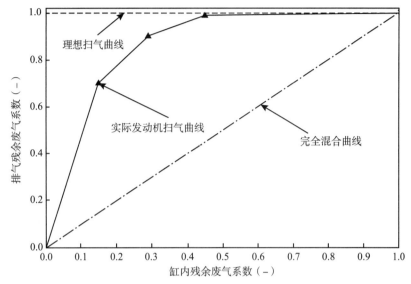

图6.13　GT-Power软件定义的扫气模型曲线示意图

$$\eta_R = \frac{G_R}{G_z} \qquad (6.4)$$

式中，η_R 为瞬时缸内残余废气系数，G_R 为缸内瞬时废气质量，G_z 为缸内瞬时气体总质量。

6.2.1.2　瞬时排气废气系数 $\eta_{R,exh}$

瞬时排气废气系数与缸内瞬时废气系数一一对应，它是在换气过程中，排出气缸的瞬时废气质量与排出气缸的气体总质量（新鲜空气+已燃烧的废气）的比。瞬时排气废气系数为1，说明此时流经排气口的气体全部是已燃烧的废气；瞬时排气废气系数为0，说明此时缸内已燃烧的废气已全部排出气缸。

$$\eta_{R,exh} = \frac{G_{R,exh}}{G_{z,exh}} \qquad (6.5)$$

式中，$\eta_{R,exh}$ 为瞬时排气残余废气系数，$G_{R,exh}$ 为排出气缸的瞬时废气质量，$G_{z,exh}$ 为排出气缸的瞬时气体总质量。

在OP2S柴油机中，在自由排气阶段和扫气阶段的前期从排气口排出的气体全为已燃气体，即瞬时排气残余系数近似为1，该值一直会持续到进入缸内的新鲜充量达到一定值并且到达排气口处。随着扫气过程的继续，当新鲜充量达到排气口处时，就会随着排气一起排出，瞬时排气废气系数将不断减小，当缸内已燃气体全部被置换出气缸时，此时从排气口排出的全部为新鲜充量，即瞬时排气废气系数为0，该换气过程可以用图6.14表示。

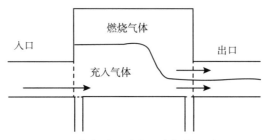

图6.14　换气过程前期缸内气体流动过程

　　瞬时缸内废气系数和瞬时排气废气系数为发动机在扫气过程中的瞬时状态参数，在扫气过程中缸内的气体流动情况在目前原理样机台架实验中无法测取，但可以通过三维仿真得到。因此，本章采用三维CFD换气过程仿真计算得到缸内瞬时废气系数和排气瞬时废气系数作为一维仿真扫气模型的输入边界，通过一维仿真获得换气品质参数的相互关系。基于"示踪气体法"对该柴油机进行换气过程实验研究，为了获得图6.13所示的换气过程模型曲线，采用图6.15所示的建模和校核过程。

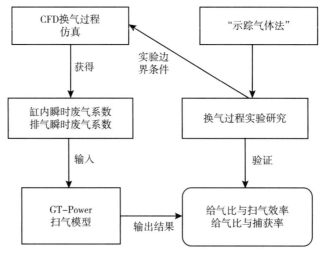

图6.15　扫气模型建模和校核思路

6.2.2　扫气曲线分析

为了获得换气过程模型曲线，我们建立了换气过程的三维 CFD 仿真模型。通过对 OP2S 柴油机的扫气过程仿真计算获得工质成分在扫气过程中的变化历程，进而计算出换气过程曲线模型。

当发动机的结构参数（进排气腔、进气口的结构和活塞顶结构等）一定时，影响扫气曲线的主要参数为发动机转速、进排气压力和温度等，所以仿真边界条件应按照示踪气体法试验的参数状态进行设置，具体仿真边界条件如表 6.2 所示。

表 6.2　主要初始参数设置

转速（r/min）	实际压缩比	扫气压力（MPa）	排气压力（MPa）	进气温度（℃）	排气口开启范围（℃A）	扫气口开启范围（℃A）	缸内EGR率	排气腔EGR率
1200	15.8	0.15	0.1	320	101~247	121~251	1	1

缸内三维流场仿真结果如图 6.16 所示。

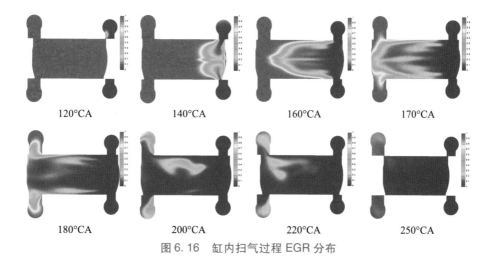

| 120°CA | 140°CA | 160°CA | 170°CA |

| 180°CA | 200°CA | 220°CA | 250°CA |

图 6.16　缸内扫气过程 EGR 分布

从图 6.16 中可以很直观地看出该发动机的实际扫气过程。当进气口打开从 110℃A 到 160℃A 时，扫气气流进入气缸，缸内燃烧后的气体与新鲜气体的接触区域发生完全混合，此时排出的气体全部是缸内的废气，此阶段为完全扫气阶段。当曲轴转角达到 180℃A 时，排气口就有新鲜空气与废气一起排出，且废气浓度很高，即"浓排气"扫气模型。随着扫气过程的继续，从排气口排出的废气浓度越来越低，扫气效率无限接近于 1（给气足够大的情况下）。由于三维 EGR 分布图只能直观地看到缸内 EGR 的变化情况。因此，下面将采用追踪某一气体成分在缸内的变化情况的方法来获得某一时刻相对应的换气过程状态参数。

在三维 CFD 计算之前，假设燃烧后的气体成分只有四种：水、二氧化碳、氧气和氮气，如图 6.17 和图 6.18 所示。

图 6.17 所示为缸内成分变化情况，从图中可以看出，从排气口打开到进气口打开期间，缸内气体成分比例保持不变；随着进气口的开启，缸内的成分比例发生了变化，二氧化碳和水成比例逐渐下降，氧气的比例大幅增加，而氮气比例有较小的增加，其主要原因是，进入气缸的气体中氮气比例大于排出气

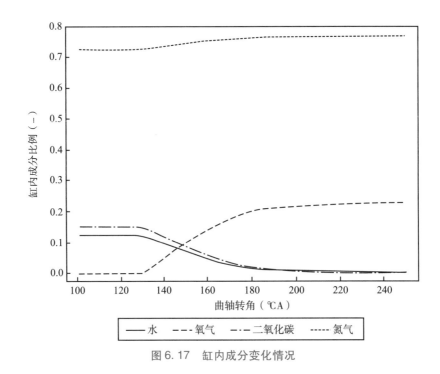

图 6.17 缸内成分变化情况

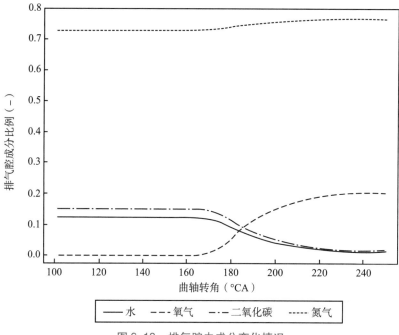

图 6.18　排气腔内成分变化情况

　　体中氮气的比例，而随着扫气的继续进行，缸内的二氧化碳和水被完全排出气缸，缸内的氧气和氮气也逐渐趋于稳定。

　　图 6.18 所示为排气腔内成分变化情况，排气腔内的成分变化趋势与缸内的变化趋势相一致，其主要的区别在于排气腔内成分的比例发生变化的时间相对缸内要晚将近 40℃A。而当排气腔内的成分发生变化时，说明新鲜空气已经发生短路。

　　通过以上对缸内成分和排气腔内成分的分析，换气过程中的状态参数可以通过追踪新鲜充量（氧气和氮气）的变化情况来获得。用缸内氧气和氮气在某一时刻的比例来表征缸内废气残余系数，如式（6.6）所示。用排气腔内氧气和氮气在某一时刻的比例来表征排出气缸气体的废气系数，如式（6.7）所示。

$$\eta_R(\theta) = 1 - \frac{O_{2,cyl}\% + \dfrac{76.8\%}{23.2\%}O_{2,cyl}\%}{O_{2,cyl}\% + N_{2,cyl}\% + CO_{2,cyl}\% + H_2O_{cyl}\%} \tag{6.6}$$

　　式中，$O_{2,cyl}\%$、$N_{2,cyl}\%$、$CO_{2,cyl}\%$ 和 $H_2O_{cyl}\%$ 分别为缸内瞬时氧气、氮气、二氧化碳和水的质量百分比，$\eta_R(\theta)$ 为某一曲轴转角所对应的缸内废气残余系数。

$$\eta_{R,exh}(\theta) = 1 - \frac{O_{2,exh}\% + \frac{76.8\%}{23.2\%}O_{2,exh}\%}{O_{2,exh}\% + N_{2,exh}\% + CO_{2,exh}\% + H_2O_{exh}\%} \qquad (6.7)$$

式中，$O_{2,exh}\%$、$N_{2,exh}\%$、$CO_{2,exh}\%$ 和 $H_2O_{exh}\%$ 分别为排气气缸气体中的瞬时氧气、氮气、二氧化碳和水的质量百分比，$\eta_{R,exh}(\theta)$ 为某一曲轴转角所对应的排出气缸气体的废气系数。

采用式（6.6）和式（6.7）可以得到同一曲轴转角下的缸内瞬时废气系数和排气瞬时废气系数。将不同曲轴转角下的 $\eta_R(\theta)$ 和 $\eta_{R,exh}(\theta)$ 组成数据对就得到了如图 6.19 所示的 OP2S 柴油机扫气曲线。

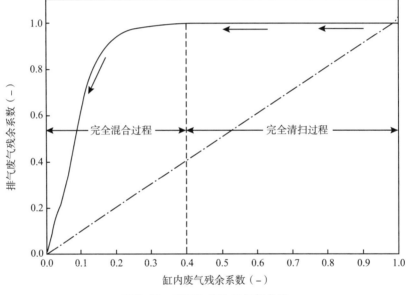

图 6.19　OP2S 柴油机扫气曲线

分析图中曲线时，应该从右往左分析，也即缸内废气残余系数从 1 到 0，如图中的箭头方向所示。在排气口打开到进气口开启期间，缸内没有任何新鲜充量（假设初始状态 EGR 为 1），此时缸内废气残余系数和排气废气残余系数均为 1；进入扫气阶段后，由于新鲜充量进入缸内，但是还没有到达排气口，也即还没有发生短路，缸内废气残余系数不断下降，而排气废气残余系数均为 1。从图 6.19 中可以发现，排气废气残余系数开始发生变化时，缸内的残余废气系数小于 0.4；短路一旦开始，排气残余废气系数将发生较大的降低，直至减小为 0，相应地，此时缸内废气已全部被置换出缸外。

6.2.3　扫气模型的验证

为了验证通过三维 CFD 仿真得到的扫气曲线的准确性，采用第 5 章中获得的换气品质参数对一维仿真模型结果进行验证。实验转速为 1200r/min；扭矩稳定在 20N·m；排气蝶阀全开；通过控制增压器的转速来改变进排气口的压力差，增压器转速从 15000r/min 到 60000r/min，每隔 5000r/min 作为一个实验工况。

在一维仿真模型中，将 6.2.3 节获得的扫气曲线作为扫气模型的输入条件，通过仿真获得本森扫气模型曲线，并与实验数据对比，检验模型的正确性。仿真工况与实验工况完全一致，并基于一维仿真模型对 OP2S 柴油机的换气过程进行仿真计算，结果如图 6.20、图 6.21 所示。通过对仿真结果与实验数据的对比分析，可以看出仿真扫气模型曲线与实验测得的扫气模型实验值是比较一致的，最大的误差不超过 5%。因此，在一维扫气模型中所输入的换气过程模型曲线是比较准确的。本章提出的基于 CFD 仿真方法计算扫气模型曲线的方法是可行的。

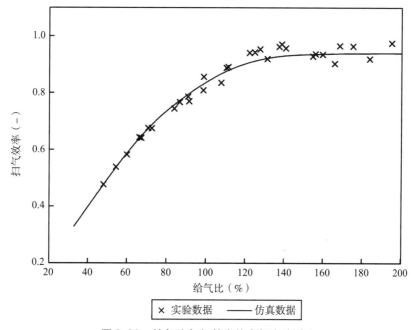

图 6.20　给气比与扫效率仿真与实验对比

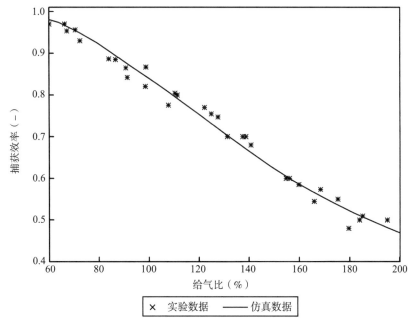

图 6.21　给气比与捕获效率仿真与实验对比

6.3　换气过程的影响规律研究

结合 4.3.3 节中压差的换气品质的影响研究，在进排气压差一定时，较高的排气背压需要对应更高的进气压力，而由于实验系统中扫气泵的最大出口压力的限制，因此本节通过仿真手段完成排气背压对换气品质的影响研究。

6.3.1　排气背压对换气品质的影响

本节将针对 OP2S 柴油机的特点，采用校核后的一维仿真模型，针对进排气状态参数对换气过程的影响进行仿真研究。仿真条件如下：转速为 1200r/min，功率为 75kW（负荷为 100%），循环喷油量为单缸 125.5mg/cyl、捕获空燃比设置为 20（即空燃比不能小于 20），排气背压选择 5 个值，分别为 0.11MPa、0.12MPa、0.13MPa、0.14MPa 和 0.15MPa，并通过改变增压器转速来选择不同的进气压力。

图 6.22 所示为排气背压对给气比的影响。从图中可知：（1）当排气背压一定时，进排气压差越大给气比也越大；但随着压差的不断增加，给气增加的幅度逐渐减小：当给气比为 80% 时，所需要的压差仅为 0.003MPa；当给气比为 160% 时，所需压差增加到 0.017MPa；随着给气比继续增加到 240%，所需压差增加到 0.049MPa。（2）当排气压力不同时，达到相同的给气比，排气背压越高，所需的压差也越大。当排气背压为 0.11MPa、0.13MPa 和 0.15MPa 时，为使给气比达到 160%，所需的压差分别为 0.014MPa、0.017MPa 和 0.02MPa。

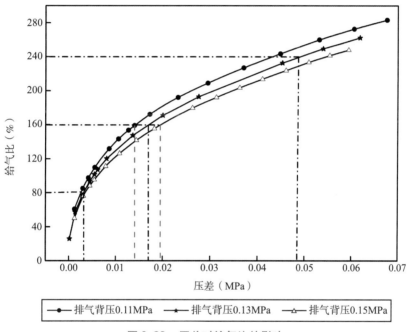

图 6.22　压差对给气比的影响

图 6.23 所示为排气背压对捕获效率的影响。从图中可知：（1）当排气背压一定时，压差越大，捕获率越小；当压差大于 0.02MPa 时，随着压差的继续增大，捕获率的减小幅度逐渐变小。（2）当压差一定时，排气背压越高捕获效率越高。当压差为 0.02MPa 时，排气背压为 0.11MPa、0.13MPa 和 0.15MPa 所对应捕获效率分别为 55%、52% 和 49%。

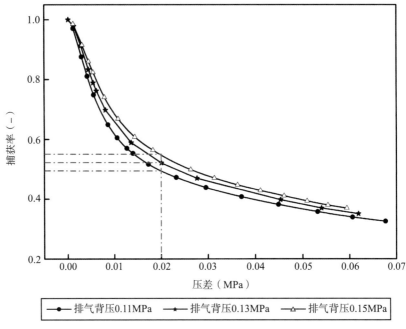

图 6.23　压差对捕获效率的影响

　　图 6.24 所示为给气比与扫气效率的关系即扫气模型。从图中可知，不同的排气背压所对应的给气比与扫气效率的关系曲线完全重合，说明排气背压对扫气模型的影响可以忽略，且给气比与扫气效率存在一一对应的关系。

　　通过对图 6.22、图 6.23 和图 6.24 的分析，可以得出以下结论：进排气压差越大，给气比越大，捕获率越小，扫气效率越好；当压差增大到一定值时，给气比和捕获率会逐渐趋于稳定（或变化的速率逐渐变小），扫气效率也逐渐趋于稳定；继续提高压差对扫气效率的贡献减弱，会导致泵气损失的增大。因此，压差对扫气效率的贡献是有极限的，压差并非越大越好。

　　采用较小的泵气损失获得较高的扫气效率是 OP2S 柴油机换气品质的研究目标。由于 OP2S 原理样机的结构参数已确定，所以影响扫气效率的主要是外在因素，即进气压力、排气压力及扫气泵的效率。扫气效率与给气比一一对应，可以根据给气比的大小（即进排气压力差的大小）来确定扫气效率的大小。

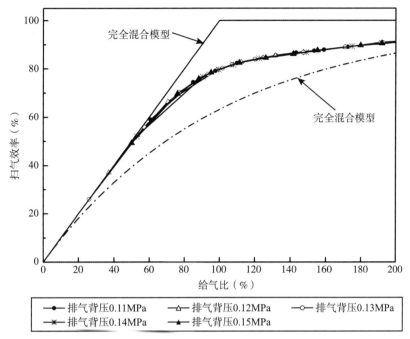

图 6.24　给气比与扫气效率的关系

6.3.2　过量空气系数对纯度的影响

给气比 l_0、扫气效率 η_s、纯度 η_p 和过量空气系数 λ_i 的关系如图 6.25 所示。图中过量空气系数 λ_i 曲线为排气背压为 0.15MPa 时的仿真结果,由于排气口压力会随着给气比的增加而增加,且循环喷油量一定,所以随着给气比的不断增加,过量空气系数也不断提高。与过量空气系数 λ_i 相对应的纯度曲线,随着给气比的增加,其整体高于扫气效率曲线。当 $l_0 = 90\%$ 时,扫气效率 $\eta_s = 76.5\%$、纯度 $\eta_p = 80.66\%$、过量空气系数 $\lambda_i = 1.25$;当 $l_0 = 175\%$ 时, $\eta_s = 89\%$、 $\eta_p = 93.45\%$、 $\lambda_i = 1.75$。

为了分析不同过量空气系数对纯度的影响,分别取 $\lambda = 1.25$ 和 $\lambda = \lambda_i$ 时的纯度进行比较。从图 6.25 中可以很明显地看出,过量空气系数对纯度有较大的影响。过量空气系数越大,纯度越高。因此,当过量空气系数足够大时,虽然扫气效率较低,但因残余废气中含有大量的空气,所以纯度具有较大的值。

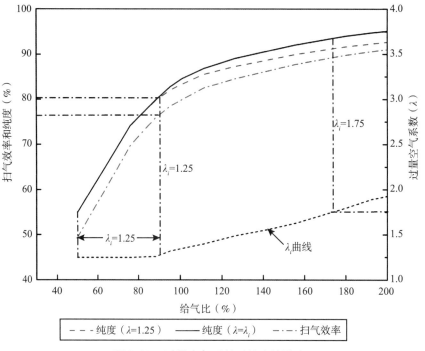

图 6.25　过量空气系数对纯度的影响

6.3.3　转速对换气品质的影响

图 6.26 所示为不同转速下压差对给气比的影响。在压差相同时，转速越小，给气比越大，即在相同的进排气压差下进入气缸的给气量也越大；在不同转速下，为达到相同的给气比，转速越高，需要的进排气压差就越大。转速由小到大，为使给气比达到 120%，所需要的进排气压差分别为 0.0069MPa、0.024MPa 和 0.042MPa。因此，转速越高，循环扫气时间越短，达到相同的给气比就需要更大的进排气压差。

图 6.27 和图 6.28 分析了转速、给气比和泵气功之间的关系。图中横坐标 0.8～0.9 代表给气比从 80% 增加到 90%；纵坐标为给气比从 80% 增加到 90% 需要增加的压差量。

图 6.27 所示为在不同转速下 Δl_0 对压差的影响。当 Δl_0 相同时，转速越高，需要增加的压差越大；当转速一定时，随着 Δl_0 的升高，给气比增加相同的量所对应压差的增加量也不断提高，但增加幅度较小。

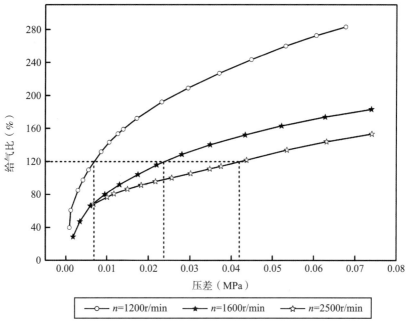

图 6.26 转速对给气比的影响

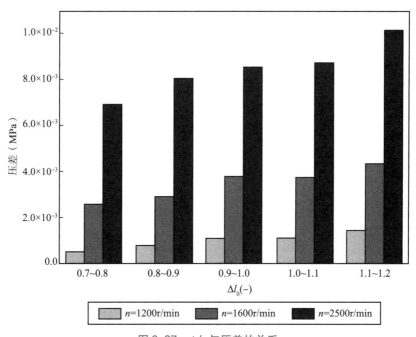

图 6.27 Δl_0 与压差的关系

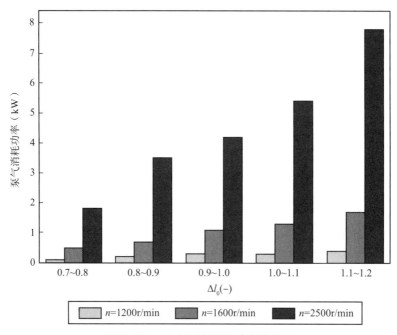

图 6.28 Δl_0 与泵气消耗功率的关系

图 6.28 所示为在不同的转速下 Δl_0 对扫气泵消耗功率的影响。当 Δl_0 相同时，转速越高，所消耗的泵气功也越大，而且随着 Δl_0 的不断提高，泵气功的差距不断扩大。其原因为：转速越高，扫气时间越短，通过相同的给气量，需要更大的进排气压差，从而导致更大的泵气损失。当转速一定时，随着 Δl_0 的增加，给气比每增加 10%，扫气泵所消耗的功率也会不断增加，且与图 6.27 中压差的增加幅度相比，泵气功增加的幅度较大，其主要原因是：扫气泵消耗的功率与流量和给气比有关。因此，在进行增压匹配时，低转速时给气比的值可以适当高些；高转速时，给气比可以适当低些。

6.4   换气品质参数对缸内工作过程的影响分析

针对 OP2S 柴油机的扫气效率而言，其主要影响因素为进排气压差，在保证较小压差（泵气损失也就越小）的情况可获得较高的扫气效率，此时排气背压需尽可能小。但对于 OP2S 柴油机的热力过程而言，排气背压的大小直接决定缸内新鲜空气的封存量,进而影响参与燃烧的工质的量。本节主要对不同排气背压时进排气压差对带有扫气泵的 OP2S 原理样机缸内工作过程的影响进行研究。

仿真条件如下:转速为 1200r/min,功率为 75kW(负荷为 100%),循环喷油量为单缸 125.5mg/cyl、捕获空燃比设置为 20(即空燃比不能小于 20),排气背压选择 5 个值,分别为 0.11MPa、0.12MPa、0.13MPa、0.14MPa 和 0.15MPa,并通过改变增压器转速来选择不同的进气压力。

6.4.1　进排气压力对 IMEP 的影响

图 6.29 所示分别为排气背压为 0.12MPa、0.13MPa、0.14MPa 和 0.15MPa 时,发动机产生的平均指示压力、压气机所消耗的平均指示压力和发动机真正输出的平均有效压力随给气比的变化趋势。

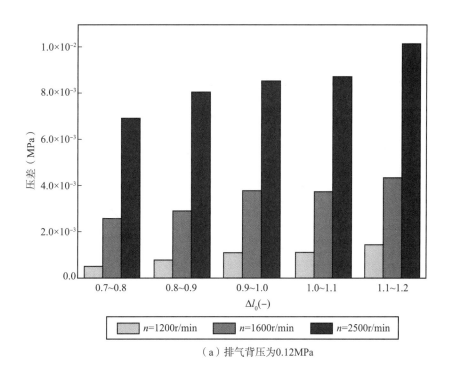

(a)排气背压为0.12MPa

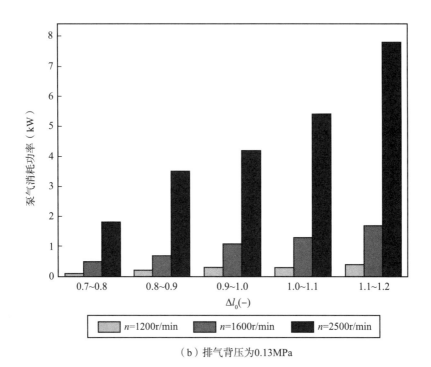

（b）排气背压为0.13MPa

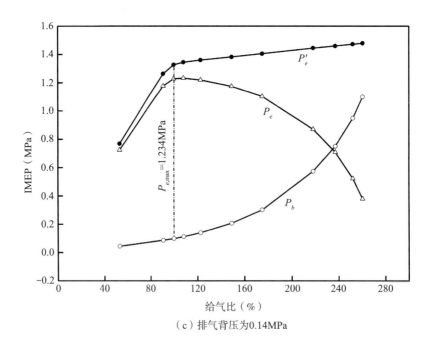

（c）排气背压为0.14MPa

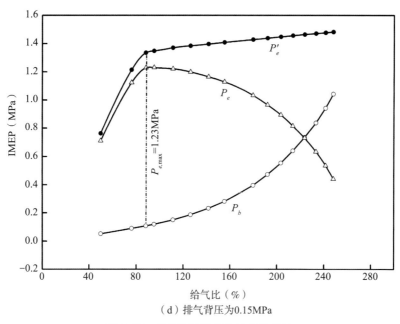

（d）排气背压为0.15MPa

图 6.29　IMEP 随给气比的变化趋势

如图 6.29 所示，随着给气比的提高，发动机的平均指示压力不断增加，当给气比分别达到147%、120%、100%和87%时，平均指示压力 p_e 的增幅逐渐减缓。其主要原因为：当给气比较小时，虽然捕获率很高，甚至给气量全部留在缸内，由于捕获空燃比限制为20，所以给气量不足以使燃油完全燃烧，输出功率较小；随着给气比的继续增加，捕获在缸内的新鲜空气越来越多，能够完全使喷入的燃油完全燃烧，此时平均指示压力的增加开始变缓；继续增大给气比，捕获在缸内的新鲜空气也不断增加，即充量系数不断增加，使缸内的反应更加充分，但由于喷入的燃油为一定值，所以平均指示压力的增幅较小。

消耗于扫气泵的平均指示压力 p_b 随给气比的变化情况如图 6.29 所示。当给气比较小时，消耗于扫气泵的平均指示压力也较小；当给气比达到一定值后，扫气泵所消耗的平均指示压力成倍增加；在给气比一定时，排气背压越高，消耗于扫气泵的平均指示压力越大。因此，当排气背压一定时，随着给气比的增加，发动机真正输出的平均有效压力 p_e 存在最大值 $p_{e,max}$，而排气背压越高，p_e 出现最大值点时相对应的给气比越小。由图 6.29 可知，排气背压为0.12MPa、0.13MPa、0.14MPa 和0.15MPa 时，所对应的 $p_{e,max}$ 分别为1.217MPa、1.228MPa、1.234MPa 和1.23MPa，给气比分别为147%、120%、100%和87%。

其主要原因是：排气背压越高，捕获在缸内的新鲜充量越多，由于每循环喷入缸内的燃油一定，达到要求捕获空燃比时所需要的给气比也就越小。

6.4.2 进排气压力对缸内封存量的影响

图6.30所示为排气背压为0.14MPa时给气比与发动机进气口压力和排气口压力的相互关系。从图中可以看出，当排气背压一定时，随着进气口压力的增加，排气口的压力也不断增大；给气比越大，所需要的进排气压力差越大，捕获空气密度增加。

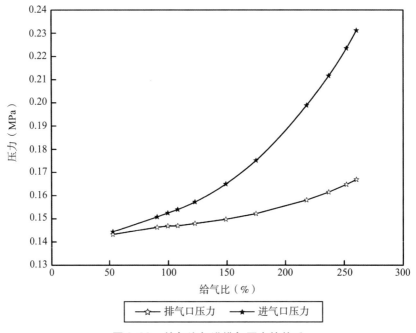

图6.30 给气比与进排气压力的关系

图6.31所示为不同的排气背压下捕获空气量随着给气比的增大的变化趋势。从图中可以看出，随着给气比的增加，捕获在缸内的空气量也在不断增大；而在不同排气背压下给气比一定时，排气背压越大，捕获空气量也相应越大。

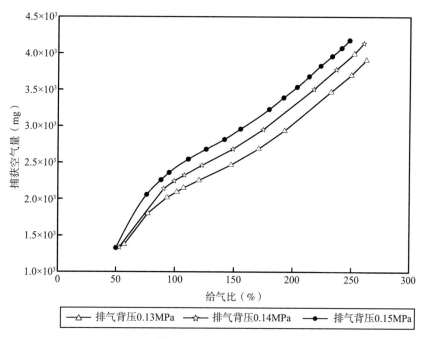

图 6.31　捕获气量随着给气比的变化情况

图 6.32 所示为在不同的排气背压下捕获空燃比随着给气比的变化情况。从图中可以看出，所有的捕获空燃比都不小于 20，给气比对捕获空燃比有很大的影响。当给气比较小时，由于捕获在缸内的新鲜充量较小，所以消耗的燃油较少；随着给气比的不断提高，捕获在缸内的新鲜充量也越来越多，捕获空燃比也越大；给气比一定，排气背压越大，捕获空燃比越大。

从以上分析可知，排气背压和给气比是影响缸内新鲜充量捕获量的主要因素。因此，在进行复合增压匹配的过程中，需要在兼顾换气品质和比油耗的前提下，主要针对排气背压和给气比对 OP2S 柴油机工作过程的影响进行研究。

6.4.3　给气比对 IMEP 和 BSFC 的影响

当排气压力一定时，提高给气比可增加缸内新鲜充量，但同时会消耗更多的扫气压缩功或产生较大的逃逸损失，因此，选择合适的给气比非常重要。而给气比的选取范围主要从以下几个参数考虑：最大平均指示压力、燃油消耗率和扫气效率。在保证一定换气品质的情况下，在同样的工况下，使最大平均指示压力最大化和比油耗尽可能低为优化目标。

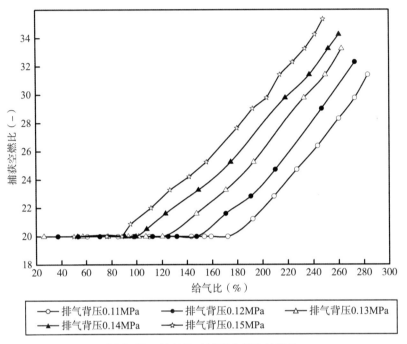

图 6.32　给气比对捕获空燃比的影响

　　从图 6.29 和图 6.33 可知，随着给气比的提高，发动机真正输出的平均有效压力 p_e 会有一个最大值，排气背压为 0.12MPa、0.13MPa、0.14MPa 和 0.15MPa 时，所对应的 $p_{e,\max}$ 分别为 1.217MPa、1.228MPa、1.234MPa 和 1.23MPa。从图 6.33 中可以看出，$p_{e,\max}$ 随着排气背压的增加，呈现先增大后减小的趋势，在排气背压为 0.14MPa 时，最大平均指示压力达到最大值。图 6.34 所示为在不同的排气背压下，比油耗随着给气比的变化情况。从图中可以看出，随着给气比的增加，比油耗呈现先减小后增大的趋势；当给气比相同时，排气背压越高，比油耗越高。图中的黑点为在不同的排气背压时最大平均指示压力所对应的比油耗值，可以看出排气背压为 0.13MPa 和 0.14MPa 的比油耗最低。

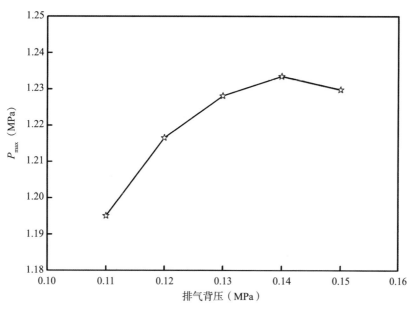

图 6.33　最大 P_{max} 随排气背压变化趋势

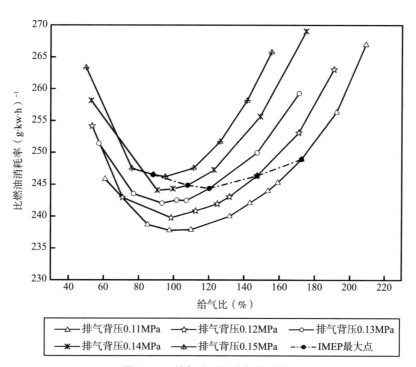

图 6.34　给气比对比油耗的影响

因此，通过以上分析可以确定，当转速为 1200r/min 时，为达到功率为 75kW 且捕获空燃比不小于 20，其排气背压应为 0.13MPa ~ 0.14MPa，给气比的选取范围为 1 ~ 1.2，如图 6.35 所示。

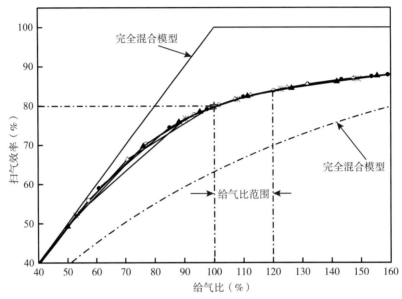

图 6.35 给气比与扫气效率的关系

6.4.4 捕获空燃比对 IMEP 的影响

本节针对捕获空燃比的大小对换气品质参数、最大平均指示压力和燃油经济性的影响进行分析研究。转速为 1200r/min，循环最大喷油量 125.5mg/cyl，排气背压为 0.14MPa，捕获空燃比分别不能低于 18、19.5、21 和 22.5 四个值，进行仿真对比分析。

图 6.36 所示为捕获空燃比对 IMEP 的影响，从图中可以看出，随着捕获空燃比的增加，发动机所产生的平均指示压力曲线整体向右偏移，P_{max} 所对应的给气比也越大，从而导致比油耗增加。如图 6.37 所示，捕获空燃比越大，比油耗越大，而最大平均指示压力 P_{max} 越小，其主要原因是：捕获空燃比越大，需要更多的捕获空气量，当排气背压一定时，给气比越大捕获量越多，扫气泵所消耗的 IMEP 也越大，导致最大平均有效压力变小（也即最大有效功 P_{max} 变小），比油耗就大。

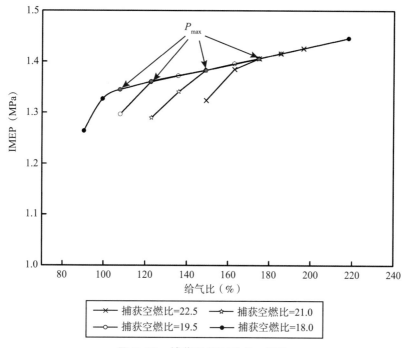

图 6.36　捕获空燃比对 P_{max} 影响

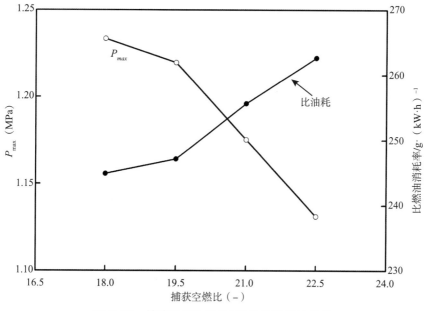

图 6.37　捕获空燃比与 IMEP 和比油耗的关系

6.4.5 OP2S 柴油机机械增压匹配方法

OP2S 柴油机的换气过程的实现必须借助扫气泵,而给气量以及扫气结束后封存在缸内的新鲜充量是匹配的重点。给气比越大,消耗的泵气功就会越多,给气比太小又不能满足设计要求;同时排气压力的大小直接影响捕获率、缸内封存空气量的大小和燃油经济性。因此,在进行机械增压匹配时,选择较优的给气比和排气背压是非常重要的。

针对前几节的研究结果(进排气压力对 IMEP 缸内新鲜空气的封存量的影响,给气比对 IMEP 和 BSFC 的影响),本章总结出针对 OP2S 柴油机和机械增压器匹配的方法,具体的匹配流程如图 6.38 所示。在进行 OP2S 柴油机与机械

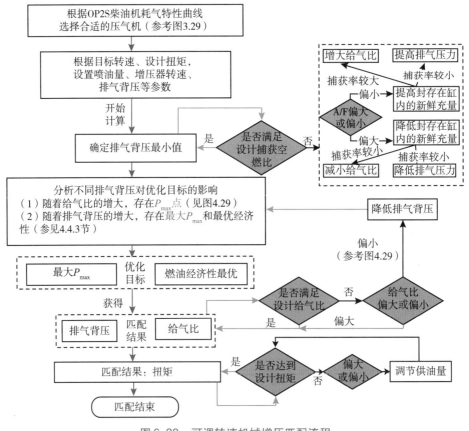

图 6.38　可调转速机械增压匹配流程

增压器匹配的过程中，核心点为气和油的匹配，另外，在匹配的过程中必须满足设计参数（如捕获空燃比不能小于 20、给气比不能小于 90%、达到设计外特性扭矩）的要求。

根据第 4 章获得的 OP2S 柴油机耗气特性曲线选择合适的压气机（见图 4.29），通过目标转速设计扭矩的需求来设置循环供油量、增压器转速、排气背压等参数。在仿真开始后应进行以下调整：（1）需要确定能够满足设计捕获空燃比的最小排气背压（在后续的匹配流程中将该值作为参考），其中，排气压力和压差（压差越大、给气比越大）是影响气缸内新鲜空气封存量的主要因素（见 6.4.2 节）。（2）分析不同排气背压对优化目标的影响规律。由 6.4.1 节的分析可知：在同一排气背压下，随着给气比的不断增加，存在 $P_{e,\max}$ 点；在不同的排气背压下，所获得的 $P_{e,\max}$ 点中，存在最大值（即为优化目标），兼顾比燃油经济性最优，获得最佳的排气背压及 $P_{e,\max}$ 点相对应的给气比。（3）调节供油量达到设计扭矩。

通过仿真，逐一实现各个转速下的功率和扭矩满足设计要求。在某一确定的转速下，通过调节排气放气阀的开度和改变扫气泵的转速来实现进排气压力的优化匹配，从而实现 OP2S 柴油机和机械增压器的完美匹配。

6.5　本章小结

本章主要通过建立 OP2S 柴油机工作过程仿真模型，对换气过程和缸内工作过程进行了分析，结论如下：

（1）通过模型等效和假设，得到了原理样机活塞运动规律、等效燃烧模型及压缩比等关键参数。

（2）扫气模型的准确与否直接影响换气过程及缸内工作过程，提出了 OP2S 柴油机扫气模型的校核方法，采用三维 CFD 软件对 OP2S 柴油机进行换气过程仿真分析，获得了缸内和排气口瞬时废气状态参数的对应关系，将其作为一维仿真扫气模型的输入，通过一维仿真计算得到给气比与扫气效率的对应关系，采用换气过程实验结果对仿真结果进行验证，结果表明，采用该方法得到的扫气模型可以较准确地模拟真实的换气过程。

（3）过量空气系数对纯度有较大的影响。过量空气系数越大，残余废气中的可燃气体的量也就越大，扫气结束后缸内空气纯度越高。对于换气品质而言，扫气效率越大越好；对于动力性而言，纯度越大，潜在的输出功率越大。

（4）排气背压的大小直接影响捕获空气量和平均指示压力，当转速为1200r/min、排气背压为0.14MPa时，平均指示压力达到最大1.234MPa。为使平均指示压力最大且获得较优的燃油经济性，排气背压应取值为0.13～0.14MPa，给气比取值为1～1.2。

（5）提出了适合OP2S柴油机匹配机械增压器的方法。另外，仅采用扫气泵完全可以满足OP2S柴油机动力性和换气品质的需求，但是排气能量不能有效利用，导致经济性很差。因此，第7章在兼顾换气品质的前提下，主要研究不同增压方式对OP2S柴油机工作过程的影响规律。

第7章

增压匹配研究

针对 OP2S 柴油机 170kW 的功率目标和扫气需求，本章首先对带有扫气泵的 OP2S 柴油机进行了方案对比分析。其次，针对仅有扫气泵的 OP2S 柴油机存在的问题及对其排气能量分析的基础上，提出采用复合增压系统的解决方案。以方案可行性、动力性和经济性为匹配评价目标，对不同复合增压系统方案进行对比分析，确定可调转速机械增压器 + VGT 涡轮增压器的方案作为 OP2S 柴油机的复合增压系统。兼顾换气品质，并以燃油经济性为优化目标对复合增压系统的切换规律进行仿真研究。

7.1　OP2S 柴油机与扫气泵匹配方法研究

7.1.1　OP2S 柴油机外特性设计

由于 OP2S 柴油机对高转速下扭矩需求较小，设计时降低了标定点的扭矩；同时为了缸内燃烧充分，捕获空燃比的下限定为 20。在此基础上设计了一条相对理想的外特性曲线，如图 7.1 所示：标定点转速为 2500r/min、功率为 170kW；为了提高低速扭矩，扭矩储备系数定为 1.2，转速适应性系数定为 1.56，因此在最大扭矩点的转速和扭矩分别为 1600r/min 和 776N·m。

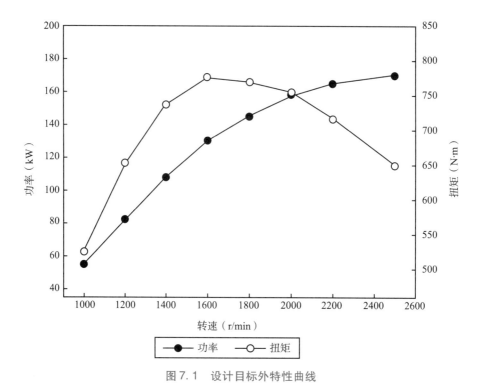

图 7.1　设计目标外特性曲线

7.1.2　机械增压匹配方案对比分析

　　经过压气机压缩的气体的压力和流量随发动机工况的变化而改变，要求机械增压器的转子转速与发动机转速之间必须有良好的速比匹配。由于机械增压器与发动机的匹配方式为面工况，而对于某一固定传动比，只能使 OP2S 柴油机在某一个或几个工况下获得较优的性能[113]。因此，本章采用固定传动比和可变传动比两种方案进行仿真对比分析。

7.1.2.1　可变传动比机械增压匹配

　　为了使发动机在整个工况下都有最佳的增压效果，使用电机驱动增压器，通过电控系统实现对压气机转速的自由调节，从而实现机械增压器与柴油机的最佳配合。OP2S 柴油机的可调转速增压系统的工作原理如图 7.2 所示，机械增压器选 Rotrex C38 系列，增压器内部自带一级升速，升速比为 7.5，并且具有效率高、体积小、噪声低、重量轻等优点，其第二级升速可通过调节电机转速实现；排气背压的调节通过排气管中调压装置来实现。

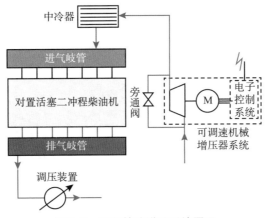

图 7.2　可调转速增压系统原理

为了保证增压后 OP2S 柴油机的工作性能达到最佳，本章选择了 C38 – 64
和 C38 – 71 两款 Rotrex 增压器进行匹配仿真计算。其中捕获空燃比限制为 20，
给气比不能小于 100%。OP2S 柴油机与两款增压器的联合运行结果如图 7.3 和
图 7.4 所示。

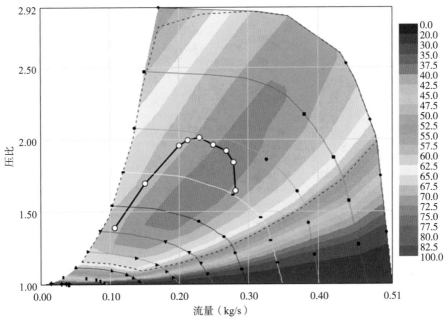

图 7.3　C38 – 64 增压器与发动机联合运行

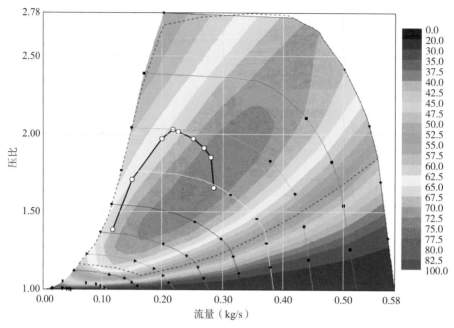

图 7.4　C38 –71 增压器与发动机联合运行

图 7.3 所示为 C38 – 64 增压器与发动机的联合工作曲线。从图中可以看出，发动机的外特性曲线很好地通过高绝热效率区，发动机在低转速时，外特性曲线离压气机的喘振线较远，标定工况点和最大扭矩点均处在增压器的较高效率区。

图 7.4 所示为 C38 –71 增压器与发动机的联合工作曲线。从图中可以看出，尽管标定工况点处于高绝热效率区，但发动机在低速时有出现喘振的风险，与 C38 –64 增压器的匹配相比，C38 –71 在低速时更接近喘振线，说明该压气机偏大。

图 7.5 和图 7.6 分别为两款增压器与发动机联合工作时，在不同转速下，BSFC 和给气比的对比情况。从图中可知，除转速为 1000r/min 时，采用 C38 –71 增压器匹配的给气比明显大于 C38 –64，其余转速所选取的给气比近似相等。从前两章对换气品质的分析结论可知，给气比的大小是影响 BSFC 的主要因素，从图 7.5 中可看出，转速为 1400r/min、1500r/min 和 1600r/min 时，采用 C38 –71 增压器的 BSFC 均大于 C38 –64。

综合以上两款增压器的匹配情况，C38 –64 机械增压器在高低速匹配上均较为合适，能够满足 OP2S 柴油机的使用要求，最终选择 C38 –64 机械增压器作为该发动机的扫气泵。

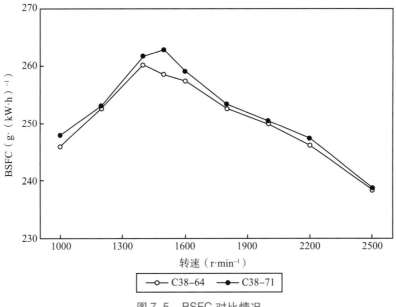

图 7.5　BSFC 对比情况

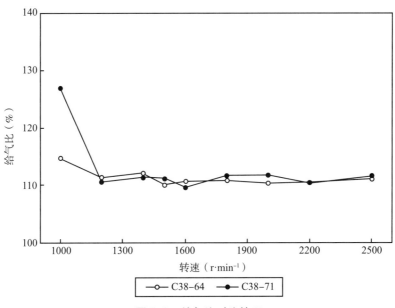

图 7.6　给气比对比情况

图 7.7 所示为可变传动比机械增压方案最终匹配外特性曲线，从图中可以看出，转速为 1400r/min 时的比油耗达到 260g/（kw·h），增压器消耗的功率

占发动机输出功率的 16.5%。图 7.8 所示为 OP2S 柴油机与 C38 - 64 增压器转

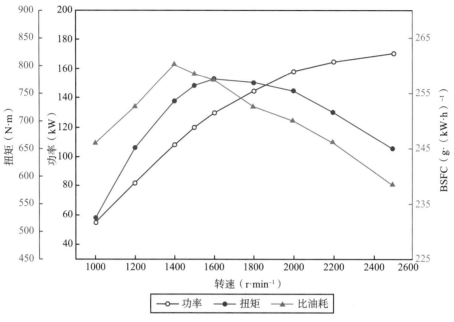

图 7.7　可变传动比外特性曲线

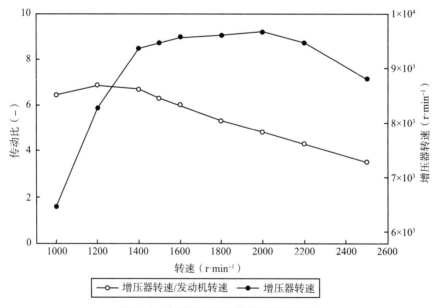

图 7.8　发动机与增压器转速匹配情况

速匹配情况，从图中可以看出，当发动机转速为 1400r/min ~ 2200r/min 时，增压器转速的变化很小，且较平稳，随着发动机转速的升高，发动机与增压器之间的传动比不断减小。从匹配情况来看，采用可变传动比来驱动扫气泵的方式，可以实现 OP2S 柴油机外特性的需求，但其最大的缺点为经济性差，废气能量不能有效回收。

OP2S 柴油机与 C38 - 64 机械增压器具体的匹配结果如表 7.1 所示。

表 7.1　　　　　　OP2S 柴油机与 C38 - 61 机械增压器匹配结果

指标及单位	转速（r·min⁻¹）								
	1000	1200	1400	1500	1600	1800	2000	2200	2500
功率（kW）	55	82	108	120	129.9	144.9	157.9	165	170.7
扭矩（N·m）	525.6	652.7	736.5	763.7	775.6	768.9	754.1	716.3	652.2
BSFC/g·(kW·h)⁻¹	248.1	254.5	257	258.4	257.4	252.5	250	246.1	238.1
Trapped A/F	20	19.6	19.2	19.6	20	20	20	20	20
叶轮转速（r·min⁻¹）	48500	61800	68200	71000	71800	72000	72500	71000	66000
增压器耗功（kW）	4.8	10.7	16.3	19.7	21.5	22.5	23.7	22.9	18.8
压比（ - ）	1.37	1.68	1.89	2	2.02	1.96	1.92	1.84	1.65
流量（kg·s⁻¹）	0.12	0.16	0.19	0.21	0.23	0.25	0.27	0.28	0.28
增压器效率（%）	70.6	71.8	71.2	70.4	70.5	70.3	69.5	69.5	68.2
给气比（%）	129.2	121.4	112.8	110	110.7	110.9	110.5	110.5	111.2
有效效率（%）	37	37.8	38.4	38.8	39	39.3	39.4	39.5	39.5
发动机总效率（%）	0.358	0.360	0.363	0.365	0.366	0.370	0.372	0.374	0.379
指示效率（%）	40.8	41.6	42.1	42.5	42.8	43.1	43.4	43.6	43.7
IMEP（bar）	10.65	13.18	14.84	15.4	15.65	15.53	15.25	14.52	13.26
最大爆压（bar）	86.78	104.7	115.2	120.6	122.4	121.4	119.5	114.7	104.4
进气压力（bar）	1.403	1.695	1.877	1.965	1.981	1.932	1.893	1.802	1.593
排气压力（bar）	1.271	1.517	1.703	1.803	1.823	1.755	1.677	1.559	1.312
最大温度（K）	1897	1929	1958	1932	1924	1924	1926	1918	1934
进气温度（K）	300	301	303	304	305	308	311	314	317
排气温度（K）	758	796	840	847	846	854	856	854	860

7.1.2.2 固定传动比机械增压匹配

根据可变传动比匹配情况及 C38 – 61 机械增压器最高转速的限制可知，OP2S 柴油机与机械增压器的传动比太大会导致增压器超速，传动比较小会导致低速匹配变差。因此，在保证增压器不超速的情况下，传动比越大越好，确定传动比的值为 4.7。图 7.9 所示为 C38 – 64 机械增压器与 OP2S 柴油机以固定传动比连接的原理。

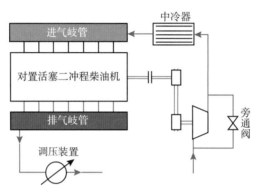

图 7.9　曲轴直连增压系统原理

由于低速增压器转速偏小，压缩空气的能力不足，在一定程度上不能满足外特性要求，因此在匹配时，捕获空燃比设置为不能小于 20。图 7.10 为 OP2S 柴油与 C38 – 64 增压器以固定传动比联合运行曲线。从图中可以看出，联合运行曲线穿过压气机的高绝热效率区，且在标定转速点接近增压器超速线。从图 7.11 和图 7.12 中可以看出，当转速小于 2000r/min 时，捕获空燃比为 20，且功率和扭矩整体低于外特性曲线。其主要原因为，当发动机与增压器之间的传动比为 4.7 时，为低速工况，经压气机压缩的空气较少，使得缸内新鲜充量减小，不能使喷入气缸的燃油完全燃烧。

图 7.13 和图 7.14 分别为两种传动形式的功率和扭矩的对比情况，从图中可以明显看出，当传动比为定值时，只能照顾到转速较高的几个点使其达到外特性设计要求，低转速明显低于设计外特性，而传动比如果大于 4.7 且超过标定点转速时，增压器将超速。

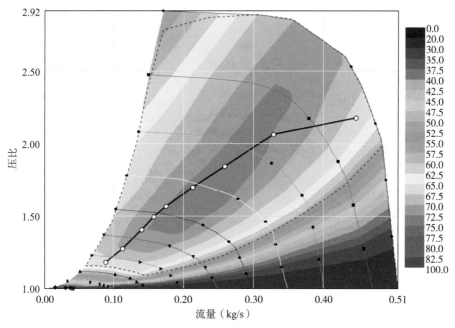

图 7.10　C38 - 64 与发动机联合运行情况

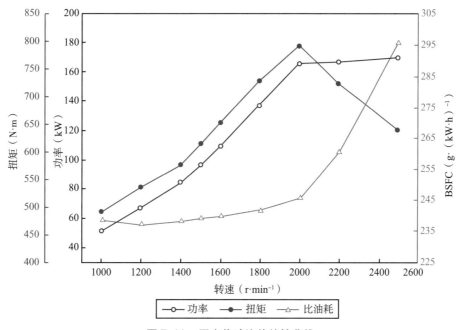

图 7.11　固定传动比外特性曲线

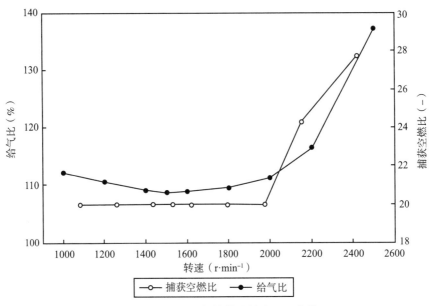

图 7.12　给气比与捕获空燃比匹配曲线

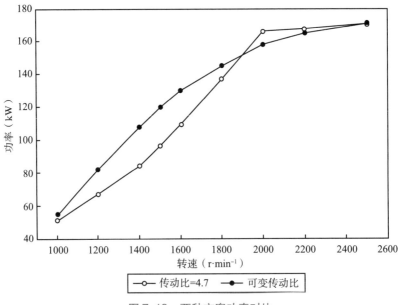

图 7.13　两种方案功率对比

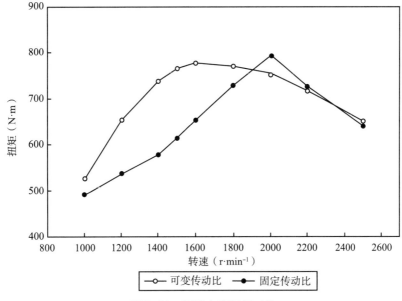

图 7.14　两种方案扭矩对比

　　通过以上对两种增压器的驱动形式的分析，在不考虑燃油经济性的情况下，如果采用固定传动比的匹配方式，必须增加涡轮增压器或采用无级变速装置才能满足外特性的需求。

7.2　废气能量分析及复合增压方案研究

7.2.1　废气能量及其利用

　　本节将对 OP2S 柴油机排气能量及其利用进行分析。柴油机中燃油燃烧产生出热量的 40% 被废气所带走而损失掉。而在废气涡轮增压柴油机中有一部分却可以得到回收，从而提高了热能的利用率。根据热力学第二定律，热量在一定温度下输入，只有符合卡诺循环效率的那一部分能量才能转换为机械功，剩下不可利用的部分，无论在何种情况下都只能排入冷源散失。这部分不可利用的热量约占废气能量的一半[114]。在柴油机工作循环中，气体经过膨胀，理论上其压力可降到大气压力，但这时废气的温度却仍然高于大气温度，因此也造成了热损失。

图 7.15 所示为 OP2S 柴油机废气能量可利用示意图。图中 E 点为排气口打开，缸内的气体快速排出并膨胀到 4 点状态。在扫气开始时，气缸内留下了 R 点状态的气体。

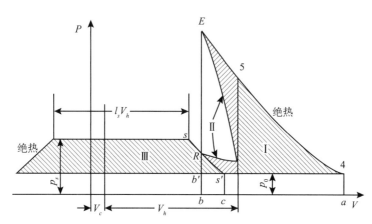

图 7.15　OP2S 柴油机的废气涡轮能够利用的能量

其中废气可利用的能量包括以下几个部分：

（1）前期排气阶段中的废气势能（由 I + II 组成），即从排气口开启时的压力膨胀至大气压力所具有的能量。其中，I 相当于不完全膨胀的能量，II 相当于排气时活塞对排气做的功。在 P – V 图上可用排气口开启后的尾部三角形面积 $E-4-b'-E$ 表示。当排气口打开后，气体仍对活塞做了一部分功，这部分功与扫气型式、排气机构的结构尺寸、柴油机的转速等有关，不能用数学方式表达，故一般仍用尾部三角形面积表示理论上的可用功，如下式所示：

$$W = \left[\int_4^5 p\mathrm{d}V - p_5(V_5 - V_4) \right] \times 10^4 \qquad (7.1)$$

由绝热关系式：

$$p_4 V_4^{\ k} = p_5 V_5^{\ k} \qquad (7.2)$$

代入并化简后可得：

$$W = \frac{p_4 V_4 \cdot 10^4}{k-1} \left[1 - \left(\frac{p_5}{p_4} \right)^{\frac{k-1}{k}} \right] - p_5 V_4 \cdot 10^4 \left[\left(\frac{p_4}{p_5} \right)^{\frac{1}{k}} - 1 \right] \qquad (7.3)$$

由于 $p_5 = p_0$、$p_4 V_4 \cdot 10^4 = RT_4$，代入后可得 1 kg 排气的完全膨胀功为：

$$W = \frac{RT_4}{k-1}\Big[1 - \Big(\frac{p_0}{p_4}\Big)^{\frac{k-1}{k}} \Big] - \frac{p_0}{p_4}RT_4\Big[\Big(\frac{p_4}{p_0}\Big)^{\frac{1}{k}} - 1 \Big] \tag{7.4}$$

（2）扫气空气的可用能量（Ⅲ），是指燃烧室进行扫气时，扫气期间的给气量 $l_s V_h$ 从 p_s 膨胀到 p_0 所做的功。这部分能量由压气机所供给，所以也是一部分可回收的能量。由于 OP2S 柴油机在启动和低负荷工况时的废气能量不足，因而，扫气过程中可用能量有着重要的作用，其数量可由下式求出：

$$E_s = \frac{k}{k-1}RT_s\Big[1 - \Big(\frac{p_0}{p_s}\Big)^{\frac{k-1}{k}} \Big] \tag{7.5}$$

7.2.2　辅助扫气泵

OP2S 柴油机在利用废气能量实现涡轮增压的目的与传统四冲程柴油机相比有以下不利之处：由于 OP2S 柴油机的扫气短路损失比四冲程发动机的大，因此涡轮进口温度较低。如果增压器的效率不高，就难以得到必要的涡轮输出功率。捕获效率越高，过量空气系数越小，排气温度就越高；而在低负荷时，过量空气系数变大、排气温度下降，涡轮输出功率降低。在扫气压力小于排气背压的状态下，四冲程发动机靠活塞挤压仍可排除废气，且活塞所做的功增加了涡轮的输入功率，因而不会给运转造成障碍。但直流扫气式二冲程发动机在这种情况下则不能进行扫气，为了确保在启动和低负荷条件下能正常运转，需要增加辅助扫气泵。

扫气泵可以使用罗茨泵或离心式压气机，并与涡轮增压器以串联或并联的形式布置[115]。罗茨泵式压气机（见图 7.16）的优点在于可靠性较好，基本没有阻塞和喘振的现象，使用常用的电机可以直接驱动；缺点在于罗茨泵的容积流量、压比和转速之间近似成单调线性关系，流量与压比的自平衡较差，需要对其运行状态进行严格的控制，且难度较大[114]。图 7.17 所示为伊顿 M1125th 罗茨泵工作特性，在固定转速下，压比与流量呈近似线性关系；在固定压比下，流量与转速呈近似线性关系。在整个压比范围内，每个工作转速对应的流量范围很窄，例如图中增压器转速 10000r/min 对应的流量范围为 970m³/h ~ 1090m³/h，宽度仅为 120m³/h。

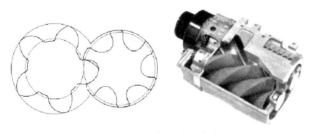

图 7.16　罗茨泵式压气机

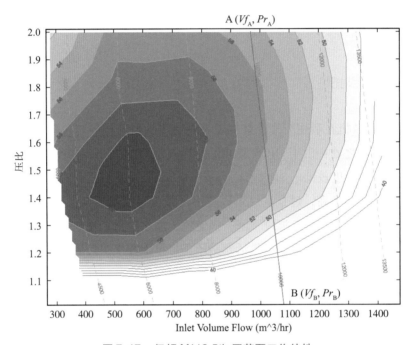

图 7.17　伊顿 M112 5th 罗茨泵工作特性

　　离心叶轮式压气机的压比和流量的适应范围更为宽广，在环境变化时具有一定的自平衡能力，与涡轮压气机的工作特性类似，便于调节[116]。本节采用离心叶轮式压气机作为复合增压方案中的辅助扫气泵。目前车用的离心式压气机转速在 10000 ~ 100000r/min，常用的电机或液压马达的转速一般在 10000r/min 以下。不过目前有资料报道，用于高速压气机的增速比达到 12 的行星传动机构已商业化生产[117]。丹麦的 Rotrex 公司设计的离心式机械增压器（Rotrex Centrifugal Supercharger）成功减少了运行时的发热量，实现了超高的功率转换，明显增强了瞬间反应特性。该离心式机械增压器主要由增速机构和压气机组成，如图 7.18 所示。其特点是驱动力通过带预紧作用的齿圈与三个行星轮之间的相互摩擦来传递动力，再通过三个行星轮与太阳轴之间的摩擦力把动力传递给压气机叶轮，与传统齿轮传动相比，该驱动的优点就是高速和低噪声，其中 C8 系列最高转速可以达到200000r/min。目前该公司所设计的增速机构的传动比在 7.5 ~ 13 之间。

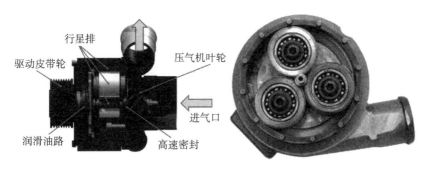

图 7. 18　Rotrex 离心式机械增压器及增速机构

通过对罗茨泵与 Rotrex 离心式机械增压器的优缺点对比，同时考虑到 OP2S 柴油机的流通特性和离心式压气机的特性本质上都是基于孔口原理，当压气机处于高转速时效率能够达到 74%，从而提供更多的动力。因此，辅助扫气泵宜采用离心式机械增压器。

7. 2. 3　复合增压结构分析

辅助扫气泵与涡轮增压器的布置方案有串联或并联两种形式。串联可以实现稳定运转，但由于全部扫气量都要经过扫气泵，对扫气泵的流量要求较大[118]。并联布置对扫气泵的流量要求较小，但低负荷时增压器会出现喘振。因此，在进行增压匹配时，应根据 OP2S 柴油机的实际情况选择适合的布置形式。本节提出了三种机械—涡轮复合增压方案，分别为机械增压器与涡轮增压器并联布置结构（见图 7.19）、机械增压器分别作为高压级（见图 7.20）和低压级（见图 7.21）的串联布置结构，并通过控制旁通阀和离合器的状态，使机械—涡轮增压系统处于三种运行模式：仅机械增压器工作、仅涡轮增压器工作和两者同时工作。

图 7.19 所示为机械增压系统与涡轮增压器并联布置结构示意图。针对机械增压器作为复合增压系统辅助扫气泵的特点，并联布置方案很难取得良好的匹配效果。以最大功率点为例，若采用涡轮增压模式，低负荷工况不能避免喘振问题；若采用机械增压模式，则机械增压器需要消耗约 21.4kW 的功率，占发动机有效功率的 12.6%，得不偿失（见 7.1.2 节）；若采用复合增压模式，机械增压器的压比需与涡轮压气机的压比相同，导致耗功增加、涡轮增压器的空气流量减少，更易出现喘振。

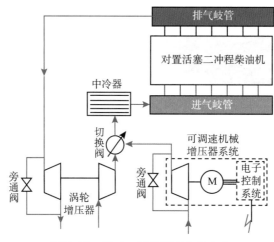

图 7.19 机械—涡轮并联布置方案

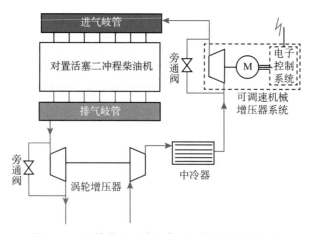

图 7.20 机械增压系统为高压级的串联布置方案

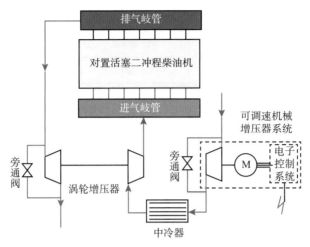

图 7.21 机械增压系统为低压级的串联布置方案

在串联布置方案（见图 7.20 和图 7.21）中，当发动机低转速时，机械增压器和涡轮增压器联合工作，可以提高增压比，增加进气量，有助于提高低速特性，降低各级压气机的压比，减轻喘振倾向；当发动机较高转速时，旁通机械增压器进入涡轮增压模式，可以减少增压系统耗功。下文针对串联布置的方案，对机械增压器为高低压级，涡轮增压器分别采用简单涡轮、VGT 和机械增压器驱动形式等，在不同工况下的应用进行了对比分析。

7.2.4 复合增压方案对比分析

7.2.4.1 机械—涡轮复合增压方案

图 7.22 所示为机械增压器与涡轮增压器的不同组合串联方案，根据机械增压器的驱动方式采用电机驱动和由发动机直接驱动两种方式，涡轮增压器的涡轮采用可变涡轮和带放气阀的简单涡轮两种结构，同时两种类型的增压器分别作为复合增压的第一级增压和第二级增压进行匹配仿真研究。

表 7.2 和表 7.3 所示为 C1 和 C2 二组复合增压结构形式。其中，C1 方案机械增压器布置在高压级，C2 方案机械增压器布置在低压级。

	低压级	高压级	TC	驱动系统
机械增压器由发动机驱动	离心式增压器	涡轮增压器	可变几何涡轮增压器 — 固定几何涡轮增压器	可变齿轮比 — 单一齿轮比
	涡轮增压器	离心式增压器		
机械增压器由电机驱动	涡轮增压器	离心式增压器		外接电机驱动
	离心式增压器	涡轮增压器		

图 7.22　复合增压不同组合方案

表 7.2　　　　　　　　　　　　　　　C1 复合增压结构形式

结构形式	C1 - a	C1 - b	C1 - c	C1 - d
高压级	可变传动比	固定传动比	可变传动比	固定传动比
低压级	可变涡轮（VGT）	可变涡轮（VGT）	简单涡轮增压器	简单涡轮增压器

表 7.3　　　　　　　　　　　　　　　C2 复合增压结构形式

结构形式	C2 - a	C2 - b	C2 - c	C2 - d
高压级	可变涡轮（VGT）	可变涡轮（VGT）	简单涡轮增压器	简单涡轮增压器
低压级	可变传动比	固定传动比	可变传动比	固定传动比

图 7.23 所示为机械增压器为高压级的可调转速复合增压仿真模型，涡轮增压器模型 5 选用 Grrett GT4088R，压气机 map 由厂家提供，涡轮采用简单模型并根据实际需求调节喷嘴环直径的大小来模拟简单涡轮增压器和可变几何涡轮增压器。由于没有现成的涡轮流通特性，因此，涡轮效率设置为 0.68，并通过调节喷嘴环直径来仿真简单涡轮或可变几何涡轮的流通特性。离心式机械增压器模型 3 选用 Rotrex C38 系列，压气机最大折合流量为 0.63kg/s，完全可以满足 OP2S 柴油机不同工况下对流量和压比的需求，其叶轮最高转速 90000r/min（增压器内置传动比为 7.5（即当叶轮转速达到最高转速时，外部驱动转速仅需 12000r/min），体积小、重量轻（6kg），机械传动效率高达 97%，由可调速电机直接驱动。电机的转速由模块 4 控制，把采集到的进气口压力信号反馈给 PID 控制单元来控制电机转速，从而实现进气压力值的主动调节。为能够主动控制排气压力值的大小，实现定压增压，采用 PID 控制单元 6

对放气阀的开度进行调节从而实现在不同工况下对排气压力的需求。模块 7 为功率控制单元，通过 PID 功率控制单元采集到的曲轴输出功率的信号来调节喷油器模型 2 的喷油量大小，从而实现对发动机在不同工况下的功率调节。在模型的调试阶段和仿真过程中，模型中的三个 PID 控制单元能够对研究对象进行实时监控，能够有效地提高仿真效率，节省仿真计算时间。

7.2.4.2　仿真模型的建立

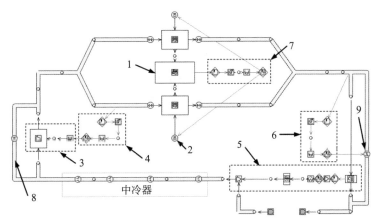

1 – 曲轴箱；2 – 喷油器；3 – 可调 Rotrex 机械增压器；4 – 增压器转速 PID 控制单元；5 – 涡轮增压器压气机；6 – 放气阀 PID 控制单元；7 – 目标功率 PID 控制单元；8、9 – 旁通阀

图 7.23　可调转速复合增压仿真模型

7.2.4.3　仿真结果分析

以燃油经济性为优化目标，兼顾方案可行性，针对表 7.2 和表 7.3 所示的两组不同复合增压结构，在 100% 负荷和 50% 负荷的工况下进行增压匹配仿真分析。其中，表 7.4 为各方案的主要设置参数，其中传动比用字母 i 表示，喷嘴环直径用 D_t（mm）表示；各方案传动比的选取依据是：满足不同转速目标给气比的最小增压器转速。仿真转速取 1300r/min、1600r/min、1900r/min、2200r/min 和 2500r/min，由于给气比对比油耗的影响较大，各转速对应给气比不能小于 150%、140%、130%、120% 和 110%。根据燃油经济性最优的原则，对 C1 和 C2 复合增压结构形式进行对比分析。

表7.4　　　　　　　　　　　　各方案主要参数

转速 (r·min⁻¹)	目标给气比 (%)	C1-a		C1-b		C1-c		C1-d		C2-a		C2-b	
		i (-)	D_t	i (-)	D_t	i (-)	D_t	i (-)	D_t	i (-)	D_t	i (-)	D_t
1300	150	4	37	4	37	3.5	43	3.5	43	4.1	37	4	37
1600	140	3.75	37	4	37	3.4	43	3.5	43	3.75	37	4	37
1900	130	3.6	39	4	39	3.37	43	3.5	43	3.55	39	4	39
2200	120	3.2	41	4	41	3.1	43	3.5	43	3.2	41	4	41
2500	110	2.65	43	4	43	2.7	43	3.5	43	2.7	43	4	43

（1）固定传动比方案分析。图7.24所示是负荷为50%时各方案BSFC的对比分析情况，从图中可以看出，机械增压器与发动机以固定传动比驱动的方案C1-b、C1-d和C2-b的燃油经济性能很差，且转速越高燃油经济性越差，其主要原因是：传动比的大小对燃油经济性和动力性的影响较大，如方案C1-b的传动比选2.65时（方案C1-a的传动比选取的最小值为2.65，如表7.4所示），则其标定转速工况的BSFC与方案C1-a相同，但在低转速工况时由于增压器的转速偏低，给气比和目标功率不能达到匹配要求，且转速越低差距越大；当传动比为4时（方案C1-a传动比选取的最大值），其转速为1300r/min的BSFC与方案C1-a相同，且给气比和功率都能达到匹配要求，但随着转速的升高，BSFC也大幅增加，如图7.24所示。由于机械增压器与发动机采用固定传动比的方案C1-b、C1-d、C2-b和C2-d只能在部分工况点使发动机的性能达到最佳，因此，机械增压器布置于低压级或高压级的固定传动比方案与OP2S柴油机的匹配效果较差。

（2）可变传动比方案分析。相比于固定传动比方案，采用可变传动比方案的C1-a、C1-c和C2-a在全转速50%负荷的工况下的燃油经济性较优，从图7.24中可知，方案C2-a的燃油经济性优于方案C1-a和C1-c。

①C1-a和C2-a的比较。方案C1-a和C2-a的机械增压器分别布置于高压级和低压级，涡轮增压器采用VGT，且机械增压器均采用C38-81，该型号在Rotrex所有型号中流量范围最大，涡轮增压器的喷嘴环直径随发动机转速由低到高分别取35mm、37mm、39mm、41mm和43mm。如采用方案C2-a，OP2S柴油机负荷从50%增加到100%时，通过低压级机械增压器的流量增加，

导致压气机发生阻塞、效率变低。因此，C38 - 81 不能满足流量的需求，如图 7.25 所示。方案 C2 - b 也出现了相同的问题。因此，在全负荷工况下，在机械

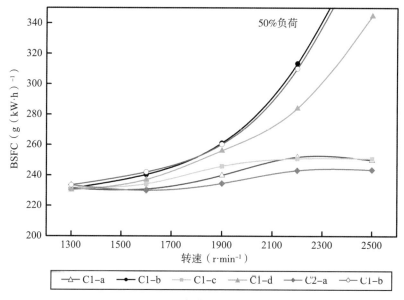

图 7.24 50% 负荷各方案 BSFC 对比

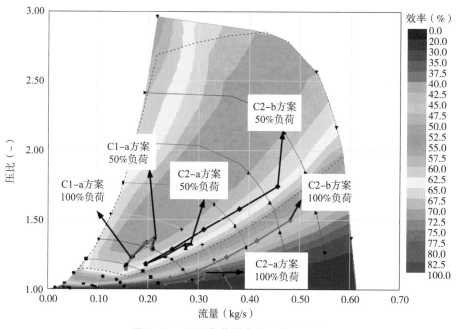

图 7.25 不同负荷联合运行曲线对比

增压器布置于低压级的方案 C2 – a、C2 – b、C2 – c 和 C2 – d 中，C38 – 81 流量偏小不能满足 OP2S 柴油机性能要求。

②C1 – a 和 C1 – c 的比较。方案 C1 – c 采用简单涡轮增压器作为复合增压系统的低压级，由于涡轮喷嘴环直径的大小对发动机的燃油经济性有较大的影响，当喷嘴环直径选择较小直径 37mm 时，在 50% 负荷最大转速点要达到给气比和功率的匹配要求，机械增压器需要消耗 36kW 的寄生功率，约占发动机输出功率的 21%，得不偿失；而随着发动机负荷的增加，排气能量增加，达到相同的给气比可选用较大的喷嘴环直径以减小寄生损失，如图 7.24、图 7.26 所示 C1 – c，方案所采用的喷嘴环直径为 43mm，但由于低速工况下排气能量不足，较大的喷嘴环直径不能达到其功率设计要求，如图 7.26 所示。其主要原因为，排气背压的大小对捕获空燃比有较大的影响，随着转速的降低，排气能量减小，因此，在低转速工况下较大的喷嘴环直径不能满足 OP2S 柴油机对排气背压的需求。针对 OP2S 柴油机换气的特点，排气背压对该类型的发动机进行增压匹配是非常重要的，因此，采用简单涡轮增压器方案只能使 OP2S 柴油机在部分负荷工况下有较优的经济性。

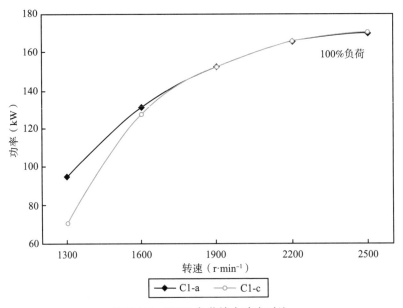

图 7.26　100% 负荷输出功率对比

通过以上分析，涡轮增压器作为低压级，涡轮选用可变涡轮，并由可调速电机驱动的 Rotrex 公司开发的 C38 - 81 离心机械增压器作为高压级的 C1 - a 方案的综合性能最优，完全能满足 OP2S 柴油机的需求。下文将采用该方案对匹配过程中的主要参数进行影响规律的分析，并完成全工况下可调复合增压模式的切换规律仿真。

7.3　可调复合增压匹配参数影响规律分析

通过对不同复合增压匹配方案进行对比分析，兼顾 OP2S 柴油机的换气特点及方案可行性，确定可调转速复合增压方案作为 OP2S 柴油机的增压系统。为使 OP2S 柴油机与可调复合增压系统的联合工作燃油经济性最优，本节在外特性工况下，采用机械—涡轮联合运行的模式，进行了以下分析：在转速分别为 1600r/min、2000r/min 和 2500r/min 时，分析了给气比（l_0）、喷嘴环直径（D_t）和排气背压（P_{ex}）三个参数对比燃油消耗率和捕获空燃比的影响规律，具体仿真方案如表 7.5 所示，以方案 1 为例：转速为 2500r/min，排气背压为 0.17MPa、给气比为 110%，喷嘴环直径分别选 33mm、34mm、35mm、36mm、37mm、38mm 和 39mm 时，研究喷嘴环直径对比油耗和捕获空燃比的影响。其中，排气背压的控制是通过调节旁通阀的开度来实现的，同时通过调节机械增压器转速大小实现对进排气压差的控制，从而实现对给气比的控制。另外，在相同转速下，不论三个参数如何改变，输出功率一定，且为外特性功率。

表 7.5　　　　　　　　　　　仿真输入参数

方案	喷嘴环直径（mm）	给气比（%）	排气背压（MPa）	转速（$r \cdot min^{-1}$）	功率目标（kW）
1	33 ~ 39	110	0.17	2500	170
2	33 ~ 41	123	0.16	2000	160
3	34 ~ 43	135	0.145	1600	130
4	42	105 ~ 115	0.17	2500	170
5	40	117 ~ 129	0.16	2000	160

方案	喷嘴环直径 （mm）	给气比 （%）	排气背压 （MPa）	转速 （r·min⁻¹）	功率目标 （kW）
6	38	129 ~ 141	0. 145	1600	130
7	42	110	0. 135 ~ 0. 16	2500	170
8	40	123	0. 135 ~ 0. 175	2000	160
9	38	135	0. 15 ~ 0. 19	1600	130

由于机械增压器由单独的电机驱动，机械增压器用于扫气所消耗的功率的大小直接影响 OP2S 柴油机的燃油经济性，因此，在 OP2S 柴油机与可调复合增压系统的匹配过程中，定义了一个重要的评价指标——总体比燃油消耗率 B_{SFC}，如式（7.6）所示：

$$B_{SFC} = \frac{60nm}{P - P_e} \tag{7.6}$$

式中，m 为循环燃油消耗量（mg/cyc），P 为发动机输出的有效功率（kW），P_e 为机械增压器在换气过程中所消耗的功率（kW），n 为发动机转速（r/min），B_{SFC} 为总体比燃油消耗率（g/(kW·h)⁻¹）。

7.3.1 喷嘴环直径对发动机性能的影响

喷嘴环直径对 BSFC 的影响如图 7.27 所示，从图中可知，在三种不同工况下，喷嘴环直径对 BSFC 有较大的影响。在相同工况下，排气背压和给气比一定，随着喷嘴环直径的不断增加，涡轮的做功能力增大，通过涡轮压气机的空气的压比不断升高，使得机械增压器对进气做功不断减小，进而导致 BSFC 不断减小。

喷嘴环直径对捕获空燃比的影响如图 7.28 所示，从图中可知，喷嘴环直径对捕获空燃比的影响较小。涡轮增压器与机械增压器为串联工作模式，通过机械增压器的流量有较小的升高，如图 7.29 所示。因此，在换气过程中通过发动机气口的流量也有较小的增加，根据第 3 章关于 OP2S 柴油机耗气特性的分析可知，通过气口的流量越大，所需的进排气压差也就越大，由于排气背压不变，所以进气压力将随着喷嘴环直径的增加而升高，导致进气密度升高，缸内封存量增加，从而导致捕获空燃比有较小的增加。

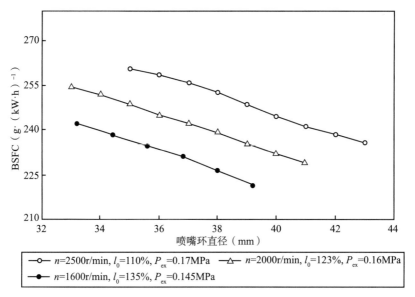

图 7.27　喷嘴环直径对 BSFC 的影响

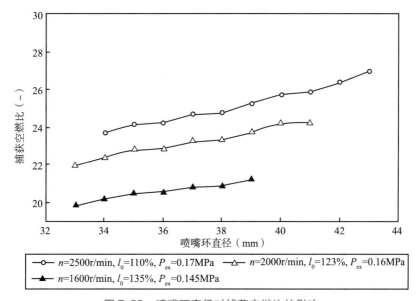

图 7.28　喷嘴环直径对捕获空燃比的影响

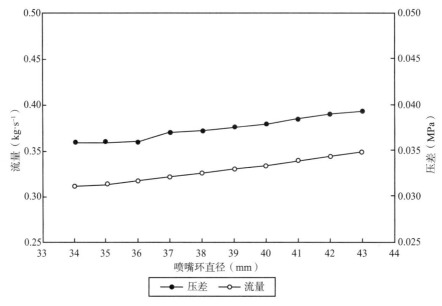

图 7.29　喷嘴环直径与压差和流量的关系

为了使排气背压保持不变以及捕获空燃比不能低于 20，喷嘴环直径的选取范围受到限制。从图 7.27 可知，在不同工况下，喷嘴环直径越大，BSFC 越小，但是喷嘴环直径不能无限增大，图中所示的三种工况下，喷嘴环直径最大值分别为 39.5mm、41mm 和 43mm，且燃油经济性最好。其主要原因为：随着喷嘴环直径的不断增大，涡轮的流通能力提高，要想保持较高的排气背压难度较大；喷嘴环直径最小值的选取范围受到 BSFC 和捕获空燃比不能小于 20 的限制，如图 7.28 所示，转速为 1600r/min 时，喷嘴环直径不能小于 33mm。

7.3.2　排气背压对发动机性能的影响

在不同转速且保证给气比（l_0）一定的情况下，图 7.30、图 7.31 和图 7.32 所示分别为排气背压对 BSFC、进排气压差和捕获空燃比的影响规律。在仿真过程中，通过 PID 放气阀控制单元来控制涡前排气压力的大小，PID 转速控制单元通过采集到进气口的压力的信号，来控制机械增压器转速从而保证进排气压力差（给气比）一定，通过 PID 功率控制单元来控制发动机在不同工况下的功率一定。在最大扭矩转速（1600r/min）时，由于废气能量较小，当放气阀全关时最大排气压力只能稳定在 0.16MPa，且此时的比油耗最优，如图 7.30 所示，因此在低速工况废气能量足够的情况下，排气背压可以适当大一些，但前提是要有足够的进排气压力差。

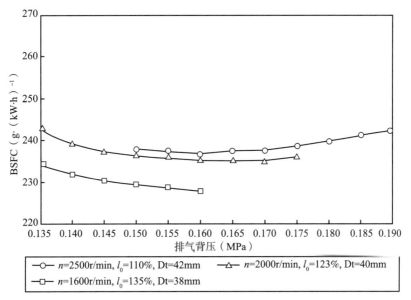

图 7.30　排气背压对比油耗的影响

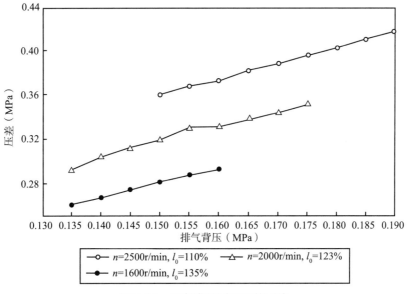

图 7.31　排气背压对压差的影响

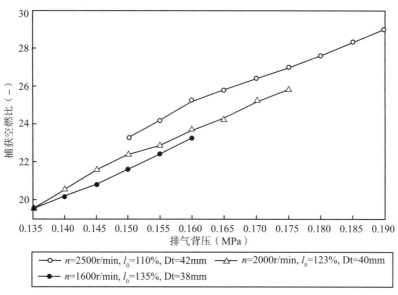

图 7.32 排气背压对捕获空燃比的影响

排气背压对比油耗的影响较小，特别是在高速工况下。如图 7.30 所示，转速为 2500r/min 时，当排气背压小于 0.155MPa 时，随着排气背压的降低，涡轮增压器对进气的做功能力降低，为了保证一定的进排气压力差，需要提高机械增压器转速来进行补偿，导致比油耗升高；当排气背压大于 0.17MPa 时，随着排气背压的增加，为了保证给气比一定，必须相应提高进排气压力差，如转速为 2500r/min 时，排气压力每提高 0.05MPa，相应的压力差最高需提高 2.4%（见图 7.31），比油耗率最多提高 0.7 个百分点（见图 7.30），而捕获空燃比最多能提高 4.7 个百分点（见图 7.32）。当排气背压大于 0.17MPa 时，比油耗增加的主要原因是：涡轮增压器通过提高排气背压所增加的进气压力不足以满足进排气压差（给气比）的需求，进而需要提高机械增压器的转速来对进气压力进行补偿，从而导致泵气损失增加，比油耗升高。当转速大于 1600r/min 时，排气背压较优的取值范围为 0.155MPa ~ 0.170MPa。

排气背压对捕获空燃比的影响较大，从图 7.31 和图 7.32 可知，随着排气背压的提高，为使给气比的值一定，所需进排气压力差升高，从而导致进气压力升高，进气密度提高；随着排气背压的提高，扫气过程结束后，排气口关闭时缸内气体的压力也随着排气压力的提高而增加。因此，以上两种情况使得捕获在缸内的新鲜充量大量增加，捕获空燃比增大。因此，综合以上分析，在三个不同转速工况下，从燃油经济性目标出发，排气背压最佳的取值范围为 0.155MPa～0.170MPa。

7.3.3　给气比对发动机性能的影响

7.3.1 节和 7.3.2 节主要针对给气比一定的情况，分析了排气背压和喷嘴环直径对 OP2S 柴油机性能的影响。本节将从换气品质对发动机工作过程的影响进行分析，从上文对换气品质的分析可知，在原理样机的结构参数一定的情况下，给气比与扫气效率的关系一一对应。当给气比小于 140% 时，给气比越大，扫气效率越大；当给气比大于 160% 时，扫气效率的变化趋势逐渐趋于稳定。且给气比的大小由进排气压力差决定，由于排气背压为定值，因此给气比与进气压力为一一对应关系。所以，在不同工况下，调整进气压力就可以得到给气比对比油耗、捕获空燃比及平均指示压力的影响规律。

图 7.33 所示为排气压力和喷嘴环直径一定时，给气比对 BSFC 有较大的影响。在三个不同转速下，给气比选取 6～7 个点，通过控制 PID 增压器转速控制单元和 PID 放气阀控制单元，来调节排气背压和给气比（进气压力）的值。在 1600r/min 时给气比依次为 129%、131%、133%、135%、137%、139% 和 141%，在 2000r/min 时给气比依次为 117%、119%、121%、123%、125% 和 127%，在 2500r/min 时给气比依次为 105%、107%、109%、111%、113% 和 115%。从图中可以看出，给气比对比燃油消耗率的影响较大，从仿真数据可知，以转速为 2500r/min 为例，给气比每提高 2%，比燃油消耗率（从低速到高速）分别最多增加 0.7%、1.3% 和 1.8%。其主要原因是转速越高，发动机耗气量越高，但循环换气时间间隔变小，因此提高相同的给气比，增压器需做更多的功，给气比对 BSFC 的影响随着转速的降低而减小。

图 7.34 所示为排气压力和喷嘴环直径一定时，给气比对捕获率和捕获空气量的影响。从图中可以看出，随着给气比提高，通过进气口的新鲜充量增加，捕获效率减小，短循环的新鲜充量增加，捕获在缸内的新鲜充量几乎没有变化，而短循环新鲜充量增加，直接导致机械增压器的泵气功损失增加，BSFC 增加。

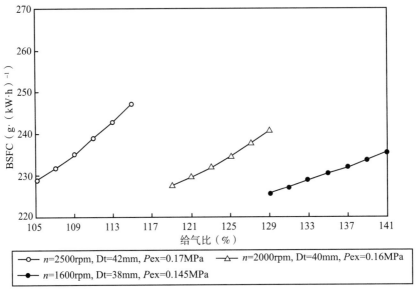

图 7.33　给气比对 BSFC 的影响

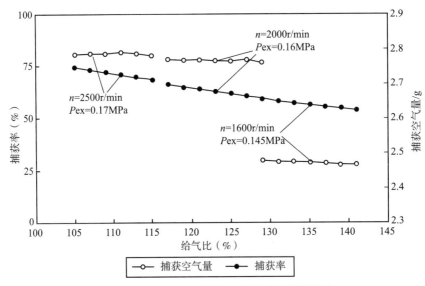

图 7.34　给气比对捕获率和捕获空气量的影响

7.4　可调复合增压方案切换规律研究

本章提出了一种应用于 OP2S 柴油机的可调转速复合增压系统，能够满足随着发动机转速由低到高、负荷由低到高运行时的压比和流量的需求。根据发动机在不同工况下的需求，可调复合增压系统分为以下三种运行模式：机械增压器模式、涡轮增压模式和机械—涡轮复合增压模式，下文对三种运行模式的切换边界进行了分析。

针对可调转速复合增压系统的特点，在兼顾换气品质的情况下，提出以燃油经济性为优化目标，给气比 l_0、捕获空燃比 $Trapped\ A/F$ 和压气机效率 η_{ad} 三个参数作为边界条件。优化函数和边界条件如式（7.7）和式（7.8）所示：

$$\min B_{SFC} = \frac{60 \sim nm}{P - P_e} \tag{7.7}$$

$$\text{s. t.}\quad l_{0\min} \geqslant 90\%$$

$$Trapped\ A/F \geqslant 20$$

$$\eta_{ad} \geqslant 45\% \tag{7.8}$$

式中，以式（7.7）和式（7.8）为限制条件。基于可调转速复合增压模型，对切换边界进行仿真研究，对切换边界的分析分两个步骤进行（见图 7.35）：首先，确定涡轮增压模式的切换边界。对喷嘴环直径的取值范围进行分析，通过喷嘴环直径对运行模式的影响研究，获得不同工况下喷嘴环直径的最优值（即使涡轮增压模式工作负荷区间最大）；由于给气比的大小直接影响涡轮增压模式工作区间，因此，需要对给气比的取值范围进行分析。其次，确定机械增压模式和机械—涡轮增压模式的切换边界。当涡轮增压模式的工作负荷区间确定后，以经济性最优为优化目标，对剩余的工作负荷区间，分别采用机械增压模式和机械—涡轮增压模式进行仿真研究，对该区域进行 BSFC 求差运算，确定机械增压模式和机械—涡轮增压模式的切换边界。

7.4.1　涡轮增压模式边界分析

下面将对涡轮增压模式的工作区间进行分析，以式（7.7）和式（7.8）为限制条件，基于可调转速复合增压模型，对运行模式影响最大的两个因素（给气比和喷嘴环直径）进行仿真研究。

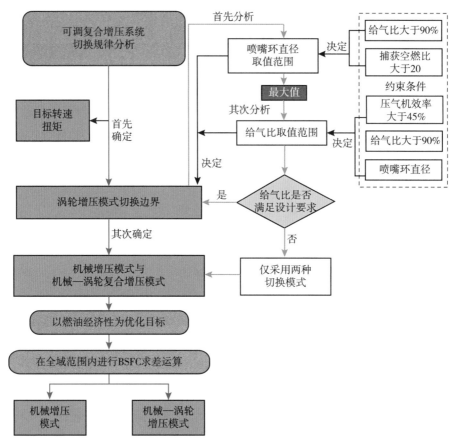

图 7.35　切换边界方法流程

7.4.1.1　喷嘴环直径对运行模式的影响

当增压系统为单涡轮运行模式时，燃油经济性主要与缸内过量空气系数有密切的关系：缸内过量空气系数过小，封存在缸内的新鲜充量不足，使缸内燃烧不完全，导致燃油消耗率高。以转速为 2500r/min 为例，图 7.36 显示了外特性工况下，随着喷嘴环直径的增加，给气比、捕获空燃比、BSFC和 IMEP 的变化趋势。从图中可以看出，符合边界条件的喷嘴环直径的范围为 43～47mm。原因是：当喷嘴环直径逐渐增大时，涡轮的流通面积增大，导致涡前压力变小，捕获空燃比减小（不能小于 20）；当喷嘴环直径逐渐减小时，流通面积减小，进而导致经压气机压缩后的进气流量减小，给气比降低（不能小于 90%）。

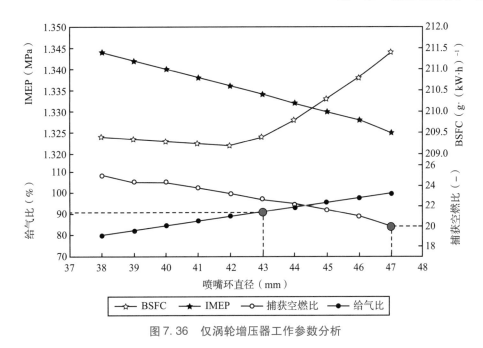

图 7.36　仅涡轮增压器工作参数分析

图 7.37 所示为喷嘴环直径对涡轮增压模式的影响，从图中可以看出，在同一转速下，喷嘴环直径对涡轮增压模式的运行边界有较大的影响，喷嘴环直径越大（43～47mm），涡轮增压模式的工作范围就越宽。涡轮增压模式的工作

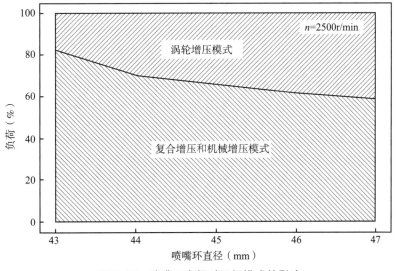

图 7.37　喷嘴环直径对运行模式的影响

范围越宽，说明 OP2S 柴油机在整个运行工况下的燃油经济性越好。因此，在保证给气比和捕获空燃比满足要求的情况下，喷嘴环直径越大越好。

采用上文喷嘴环直径选取的方法，对其他转速符合条件的喷嘴环直径进行分析，得到如表 7.6 所示的结果，且该结果可以作为可变几何涡轮增压器涡轮设计或选型的依据。

表 7.6　　　　　　　　　不同转速下的喷嘴环直径

	转速（$r \cdot min^{-1}$）					
	1000	1300	1600	1900	2200	2500
选取范围（mm）	33～37	34～37	36～40	38～43	40～45	43～47
优选值（mm）	37	37	40	43	45	47

7.4.1.2　给气比对运行模式的影响

根据上文中对给气比与扫气效率的关系的分析可知，针对 OP2S 柴油机，给气比与扫气效率存在一一对应的关系，即给气比越大，扫气效率越好，换气品质越佳，而给气比不是越大越好，实验和仿真的结果表明，给气比应小于160%。而针对不同工况下直流扫气式二冲程发动机给气比的确定依据几乎没有。由于给气比的大小与进排气压力差有直接的关系，进气压力与排气压力之间的压力差越大，给气比就越大，同时用于扫气的泵气功越大。因此，在保证经济性的情况下，选择合适给气比尤为重要。

图 7.38 所示为转速为 1600r/min 时，给气比对增压模式切换边界的影响。从图中可知，给气比对涡轮增压模式的运行范围有较大的影响，随着给气比的增加，涡轮增压模式的运行范围逐渐减小，当要求给气比必须达到 136% 或更大时，仅采用涡轮增压模式已不能满足对进排气压差的需求，此时需要借助扫气泵，即采用复合增压模式；相反，目标给气比越小，涡轮增压模式的运行区间越大。

而给气比的取值范围主要由以下三点决定：边界条件（给气比应大于90%）、涡轮压气机效率（不能小于45%）和涡轮喷嘴环直径。例如，转速为1600r/min 时，给气比取值范围的选取依据是：（1）最小值：随着发动机负荷的下降，排气能量逐渐减小，涡轮膨胀功降低，涡轮压气机做功能力下降，压比和流量减小，给气比减小（见图7.38），当压气机的效率小于45%时，给气比达到最小值107.9%；（2）最大值：由上一节的结论可知，当采用涡轮增压模式全负荷工况时，喷嘴环直径越大，给气比越大（见图7.36），而喷嘴环直径最大值的选取受捕获空燃比的影响，所以给气比存在最大值，当喷嘴环直径为40mm时，给气比最大值为136%。因此，在不同工况下，采用涡轮增压模式时，给气比的选取范围如表7.7所示。

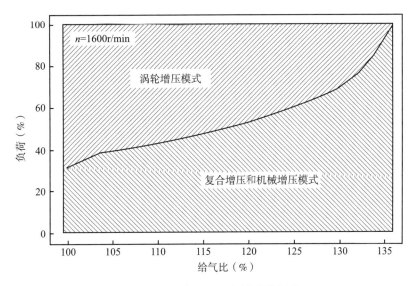

图7.38　给气比对运行模式的影响

表7.7　　　　　　　　　　在不同转速下的给气比取值范围

	转速（r·min⁻¹）					
	1000	1300	1600	1900	2200	2500
选取范围（%）	144.5~173	108.1~147	107.9~136	101~126	92~107	91.4~99.9
喷嘴环直径（mm）	37	37	40	43	45	47
涡轮压气机效率	>45%	>45%	>45%	>45%	>45%	>45%

从上述给气比对运行模式影响的分析中可知，在相同转速下，给气比的大小直接影响涡轮增压模式运行区间的大小：给气比越小，涡轮增压模式的运行区间越宽，但换气品质越差；给气比的选取越大，涡轮增压模式的运行区间越

窄，同时机械增压器工作的运行区间越宽，与仅涡轮增压模式运行相比，燃油经济性变差。因此，通过以上分析，本章提出了以换气品质或燃油经济性为三种不同增压模式边界切换的优化目标。

当以燃油经济性为优化目标时，如图 7.39 所示，在不同的转速下，当给气比选最小值时，涡轮增压模式的运行区间达到最大，而给气比的最小值是根据边界条件和涡轮压气机流量特性来确定的。例如，在标定转速 60% 负荷工况下，给气比最小值为 91.4%（喷嘴环直径选最大值 47mm），此时涡轮增压模式的工作负荷区间为 60% ~ 100%（对应给气比范围为 91.4% ~ 99.8%）；在最大扭矩点 37.5% 负荷工况下，给气比最小值为 107.9%（喷嘴环直径选最大值 40mm），此时涡轮增压模式的工作负荷区间为 37.5% ~ 100%（对应给气比范围为 107.9% ~ 136%）。因此，涡轮增压模式的工作区间越宽，机械增压器介入的负荷范围越窄，整个工况的燃油经济性就越好。

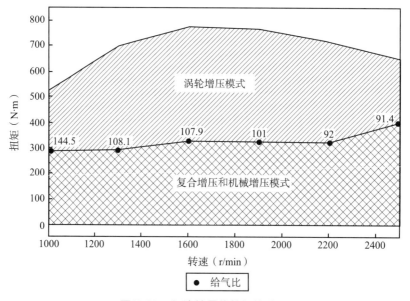

图 7.39　经济性最优的切换边界

当以换气品质为优化目标时，如给气比选取表 7.7 中的最大值，则涡轮增压模式只能在外特性工况下工作，其余工况下需采用复合增压模式和机械增压模式完成，导致全工况范围的燃油经济性下降。

因此，本章在兼顾换气品质的情况下，以燃油经济性为优化目标进行三种增压模式的切换边界进行分析，结果如图 7.40 所示，转速由低到高，给气比分别取 155%、140%、128.6%、118.6%、102% 和 95%。

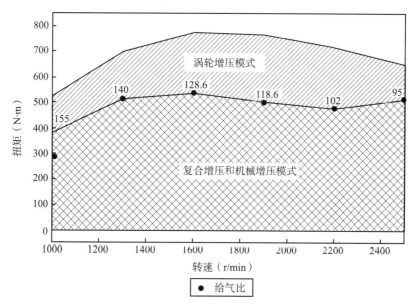

图 7.40 兼顾换气品质涡轮增压模式的切换边界

7.4.2 复合增压与机械增压模式切换边界分析

基于 7.4.1 节切换边界的结果，对采用涡轮增压模式区间以外的部分（见图 7.40），分别采用复合增压模式和机械增压模式进行匹配分析，其中机械增压的匹配参照上文中得到的机械增压匹配思路，根据燃油经济性最优的原则，确定两者的切换边界。

以式（7.7）和式（7.8）为限制条件，基于可调转速复合增压仿真模型，开展不同转速中低负荷面工况的 BSFC 分析，得到了两种模式燃油消耗等值线，如图 7.41 和图 7.42 所示。

当增压系统处于复合增压模式时，燃油经济性主要与缸内过量空气系数和给气比有密切的关系：由于在负荷较小时，废气能量不足，导致涡前压力较小，而涡前压力直接影响缸内捕获空燃比及对进气的压缩，进而导致进气压力和流量较小，造成换气品质较差。因此，需要增加额外的辅助动力来提高进气压力及进气流量，将导致燃油消耗升高。

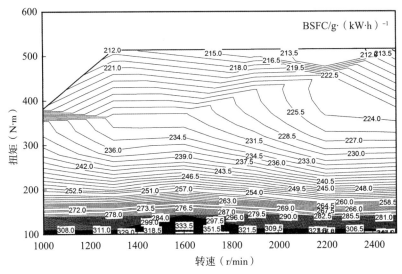

图 7.41　机械增压模式燃油消耗等值线

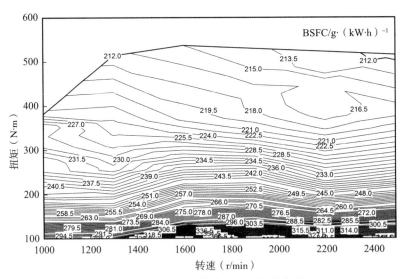

图 7.42　复合增压模式燃油消耗等值线

根据燃油经济性最优的原则,将图 7.41 和图 7.42 中得到的燃油消耗在全域内进行求差运算,可以得到不同增压模式的最佳适用区域,如图 7.43 所示。等值线为正值时,表明采用机械—涡轮增压模式的燃油经济性较优,且数值越大,与机械增压模式相比,经济性更好;等值线为负值时,表明采用机械增压模式的燃油经济性较优,且数值越小,与机械—涡轮增压模式相比,燃油经济性更好。

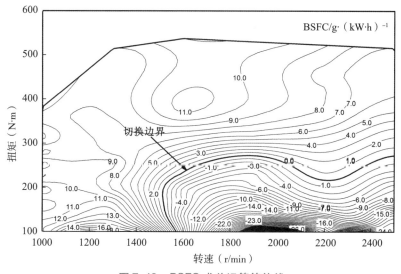

图 7.43　BSFC 求差运算等值线

如图 7.44 所示,其边界即为可调转速复合增压系统的切换边界。从图中可知,在不同转速下,当负荷达到一定值后,涡轮增压模式可以满足 OP2S 柴油机对进气压比和流量的需求,且适用于较高负荷工况;复合增压模式适用于低速低负荷和不同转速中等负荷工况;机械增压模型适用于中高速低负荷工况。其主要原因是:当发动机在低负荷工况工作时,由于排气能量较小,涡轮增压器的效率较低、压气机对进气的做功能力减弱,为了满足进排气压力差的需求,机械增压器需要消耗更大的功率,以便克服废气涡轮增压器的功耗,因此,机械增压模式在低负荷工况下的燃油经济性优于复合增压模式;而在低速低负荷时,发动机的扫气时间间隔较长,获得一定的给气量所需要的进排气压差较低,区别于机械增压模式,复合增压模式在消耗很小的泵气功的情况下便可获得很高的给气比;随着负荷的不断增加,排气能量增大,涡轮增压器效率增加、压气机对进气的做功能力提高，导致机械增压器的压比分配降低，泵气耗功减小。

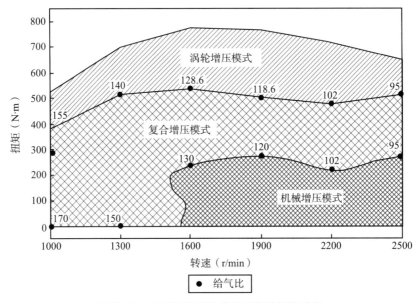

图 7.44 以换气品质为优化目标的切换边界

7.4.3 OP2S 柴油机外特性预测

对 OP2S 柴油机进行可调复合增压匹配时，在不同工况下，当表 7.7 中给气比的选取范围可以满足换气品质的需求时，可调转速复合增压系统的切换边界可划分为机械增压模式、复合增压模式和涡轮增压模式，因此，根据上文对切换边界的分析可知，外特性工况采用涡轮增压模式时的经济性最优。图 7.45 和图 7.46 分别为 OP2S 柴油机与涡轮压气机的联合运行线及外特性曲线。从图中可知，最大扭矩点和最大功率点均放置于压气机的高效区，且联合运行线距离喘振线和阻塞线有较大的裕度。随着发动机转速的增加，外特性燃油消耗率不断下降，最大功率点的燃油消耗率达到最小值 209g/(kW·h)。与 7.1 节中采用机械增压方案相比（见图 7.46），最大扭矩点和最大功率点的燃油消耗率分别降低了 16.4% 和 12.4%。

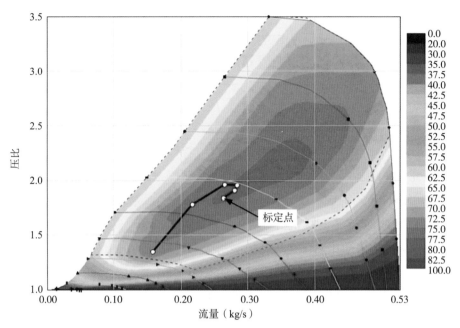

图 7.45　外特性涡轮压气机运行线

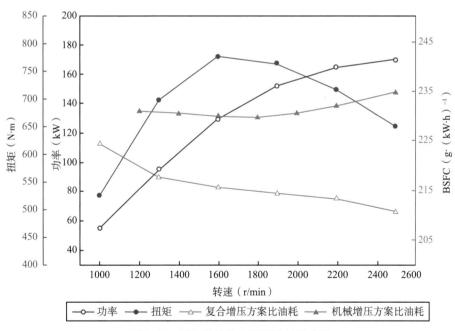

图 7.46　可调转速复合增压外特性曲线

7.5　本　章　小　结

本章通过对机械增压方案以及不同复合增压方案的对比分析，提出了可调转速复合增压方案作为 OP2S 柴油机的增压系统，并开展了增压匹配参数影响规律研究，在此基础上，对可调复合增压方案切换规律进行了分析，得到的主要研究结论如下：

（1）针对 OP2S 原理样机机械增压实验的需求，将扫气泵与发动机的连接方式分别为固定传动比和可变传动比的两种方案进行了对比分析。结果表明，当传动比为定值 4.7 时，只能照顾到转速较高的几个转速点，使其达到外特性设计要求，低转速明显低于设计外特性，且传动比越小，匹配情况较差。

（2）在对 OP2S 柴油机废气能量进行分析的基础上，提出了以涡轮增压器为主、扫气泵为辅的复合增压方式，并以经济性为优化目标、兼顾方案可行性，对不同复合增压方案进行对比分析，确定采用可调转速复合增压方案：离心式机械增压器为高压级并由电机驱动，VGT 涡轮增压器为低压级。

（3）给气比和喷嘴环直径的大小对 BSFC 的影响最大，而排气背压对 BSFC 的影响相对较小且存在拐点，当排气能量充足时排气背压最佳的取值范围为 0.155~0.17MPa；另外，在以上三个参数中，排气背压对捕获空燃比的影响最大，其次为喷嘴环直径，给气比基本无影响。

（4）喷嘴环直径大小对涡轮增压模式的影响较大。在同一工况下，喷嘴环直径越大，涡轮增压模式的工作范围就越宽。但喷嘴环直径的最大值受到捕获空燃比的限制，在转速为 1000r/min、1300r/min、1600r/min、1900r/min、2200r/min 和 2500r/min 时，所对应的喷嘴环直径的取值范围分别为 33~37mm、34~37mm、36~40mm、38~43mm、40~45mm 和 43~47mm。因此，该结论可为 OP2S 柴油机匹配 VGT 涡轮增压器提供选型依据。

（5）给气比对涡轮增压模式的影响较大。当以燃油经济性为优化目标时，在不同转速下，当给气比选最小值时，涡轮增压模式的运行区间达到最大，而给气比的最小值是根据边界条件和涡轮压气机流量特性来确定的。在转速为 1000r/min、1300r/min、1600r/min、1900r/min、2200r/min 和 2500r/min 时，所对应的给气比最小值分别为 144.5%、108.1%、107.9%、101%、92% 和 91.4%。此时所对应的涡轮增压模式的工作负荷区间分别为 54.5% ~100%、42% ~100%、60% ~100%、43% ~100%、45.6% ~100% 和 37.5% ~100%。因此，涡轮增压模式的工作区间越宽，机械增压器介入的负荷范围越窄，整个工况的燃油经济性就越好。

（6）兼顾换气品质的同时，以燃油经济性最佳为优化目标，对可调转速复合增压方案的三种模式进行了边界划分。区别于传统四冲程发动机，对 OP2S 柴油机复合增压方案边界切换规律影响最大的两个参数为给气比和涡轮喷嘴环直径。匹配结果与采用机械增压方案相比，最大扭矩点和最大功率点的燃油消耗率分别降低了 16.4% 和 12.4%，分别为 215g/（kW·h）和 209g/（kW·h）。

（7）提出了可调转速复合增压方案增压模式切换的设计流程和模式切换规律。对 OP2S 柴油机复合增压方案边界切换规律的思路如下：首先通过分析给气比和喷嘴环直径的取值范围确定涡轮增压模式的切换边界；其次以燃油经济性最佳为优化目标，确定机械增压模式和机械—涡轮增压模式的切换边界。

第8章

总　结

　　对置活塞二冲程柴油机（OP2S）具有平衡性好、结构简单、燃烧效率高的优势，受到国内外学者的广泛重视。对置活塞二冲程柴油机换气过程与燃烧过程有着强烈的耦合关系，因此针对其换气过程的优化必须考虑燃烧过程对其的影响。基于此，本书围绕 OP2S 换气过程与缸内过程的耦合关系，以及动力学、热力学与流体力学的耦合关系，针对换气过程结构参数优化、缸内换气过程的实验、气流运动组织、换气预测模型、增压匹配等方面开展研究，获得的主要结论如下：

　　第一，OP2S 的换气过程通过缸内气流运动规律与燃烧过程耦合。其耦合影响过程如下：缸内流动过程影响混合过程中的湍流强度和湍动能分布进而影响燃烧过程，同时混合及燃烧过程也影响了缸内湍流强度及湍动能分布，耦合点为缸内气流运动规律。同时缸内气流运动规律与混合气形成及燃烧过程相互作用，相互影响，耦合点为湍流强度及湍动能分布。从换气过程与缸内过程耦合角度分析，缸内气流运动过程是换气过程与缸内过程的耦合点。其耦合影响过程如下：活塞位移是影响换气正时的决定因素之一，排气初始时刻缸内压力、温度对换气过程中缸内气流运动速度、流场及换气品质都有着决定性的影响。另外，换气正时与活塞运动速度、加速度共同决定缸内气流的运动速度；换气正时变化也影响发动机的换气品质及有效压缩比、膨胀比。缸内气流运动对湍动能、混合气形成速率起决定性的作用，在此基础上结合换气品质（EGR率）、有效压缩比等因素共同影响缸内燃烧放热规律、气体压力及温度、气流运动；缸内压力、温度及流场分布通过影响换气开始时刻缸内状态，又对换气过程缸内气流运动及换气品质起决定性作用。

第二，进一步完善了 OP2S 换气过程评价体系，在给气比、捕获率及扫气效率的基础上增加了指示热效率及平均指示压力（IMEP）。进气口高度冲程比是影响给气比的主要因素，排气口高度冲程比是影响捕获率的主要因素，扫气效率受排气口高度冲程比影响大于进气口高度冲程比。曲拐偏移角是影响发动机指示热效率的主要因素，而进气口高度冲程比是影响 IMEP 的主要因素。平均指示压力（IMEP）可兼顾扫气效率及循环热效率的影响，适用于 OP2S 换气过程的评价。

第三，针对 OP2S 扫气特性的测试，提出了"示踪气体法"并对原理样机的耗气特性开展研究。进排压力差对换气品质参数的影响较大。压差越大，给气比越大，捕获率越小；不同的转速下，达到相同的给气比，转速越高，就要求越高的进排气压力差；当进排气压差达到一定值后（即给气比 = 140%），扫气效率会逐渐趋于稳定，继续增大压差对提高扫气效率作用不明显，反而会增加扫气泵的耗功。当给气比大于 140% 时，给气比对扫气效率的影响减弱，继续增大给气比只能增加泵气损耗；而当给气比低于 50% 时，失火循环数明显增加，扭矩下降，发动机的运转状况恶化。

第四，研究了进气口倾角对缸内气流运动的影响，最终获得了最优的进气系统结构方案。采用非对称活塞运动设计可使气缸容积最小点附近缸内气流轴向运动速度大，湍动能水平明显增加，在此基础上结合扫气倾角可实现对换气品质影响较小的情况下大幅提高缸内湍流动能水平，为后续燃烧优化提供支撑。

第五，研究了 OP2S 换气过程预测模型，基于完全混合假设和完全分层假设结合试验研究提出了一个可用于发动机性能一维仿真的扫气模型，并通过试验进行了验证。通过仿真发现，过量空气系数对纯度有较大的影响，过量空气系数越大，残余废气中的可燃气体的量也就越大，扫气结束后缸内空气纯度越高。针对换气品质而言，扫气效率越大越好；针对动力性而言，纯度越高，潜在的输出功率越大。仅采用扫气泵完全可以满足 OP2S 柴油机动力性和换气品质的需求，但是排气能量不能有效利用，导致经济性很差。

第六，进一步对比了 OP2S 机械增压方案以及不同复合增压方案，提出了可调转速复合增压方案作为 OP2S 柴油机的增压系统，以及可调转速复合增压方案增压模式切换的设计流程和模式切换规律。对 OP2S 柴油机复合增压方案边界切换规律的思路是：首先通过分析给气比和喷嘴环直径的取值范围确定涡轮增压模式的切换边界；其次以燃油经济性最佳为优化目标，确定机械增压模式和机械—涡轮增压模式的切换边界。

参 考 文 献

［1］华经产业研究院. 2022~2027 年中国汽车诊断行业市场调研及未来发展趋势预测报告［EB/OL］. 2022.

［2］Pirault J－P, Llint M. Opposed piston engines: evolution, use, and future applications［M］. Warrendale, Pa: SAE International, 2010.

［3］Regner G, Johnson D, Koszewnik J, et al. Modernizing the opposed piston, two stroke engine for clean, efficient transportation［J］. SAE Technical Paper, 2013: DOI: 10. 4271/2013－26－0114.

［4］Redon F, Kalebjian C, Kessler J, et al. Meeting stringent 2025 emissions and fuel efficiency regulations with an opposed-piston, light-duty diesel engine［J］. SAE Technical Paper, 2014: DOI: 10. 4271/2014－01－1187.

［5］Naik S, Johnson D, Koszewnik J, et al. Practical applications of opposed-piston engine technology to reduce fuel consumption and emissions［J］. SAE Technical Paper, 2013: DOI: 10. 4271/2013－01－754.

［6］陈文婷, 诸葛伟林, 张扬军, 等. 双对置二冲程柴油机扫气过程仿真研究［J］. 航空动力学报, 2010, 25: 1322－1326.

［7］马富康, 赵长禄, 张付军, 等. 对置活塞二冲程汽油机分层稀燃组织研究［J］. 北京理工大学学报, 2018, 38 (1): 12－19.

［8］Herold R E, Wahl M H, Regner G, et al. Thermodynamic benefits of opposed-piston two-stroke engines［J］. SAE Technical Paper, 2011: DOI: 10. 4271/2011－01－216.

［9］曾望, 刘建国. 乌克兰 T－84 主战坦克深度分析［J］. 国外坦克, 2011 (11): 11－20.

［10］Kalkstein J, Röver W, Campbell B, et al. Opposed piston opposed cylinder (OPOC™) 5/10 kW heavy fuel engine for UAVs and APUs [J]. SAE Techni-cal Paper, 2006: DOI: 10.4271/2006 – 01 –0278.

[11] Franke M, Huang H, Liu J P, et al. Opposed piston opposed cylinder (OPOC™) 450 hp engine: Performance development by cae simulations and testing [J]. SAE Technical Paper, 2006: DOI: 10.4271/2006 – 01 –0277.

[12] 吴丹. 对置活塞二冲程柴油机换气过程研究 [D]. 北京: 北京理工大学, 2015.

[13] 于素娟. 可变涡流进气系统对缸内流场影响的数值模拟研究 [D]. 重庆: 重庆理工大学, 2016.

[14] Hofbauer P. Opposed piston opposed cylinder (OPOC) engine for military ground vehicles [J]. SAE Technical Paper, 2005: DOI: 10.4271/2005 – 01 – 1548.

[15] Regner G, Herold R E, Wahl M H, et al. The achates power opposed-piston two-stroke engine: performance and emissions results in a medium-duty appli-cation [J]. SAE International Journal of Engines, 2011, 4 (3): 2726 – 2735.

[16] Wu Y, Wang Y, Zhen X, et al. Three-dimensional CFD (computational fluid dynamics) analysis of scavenging process in a two-stroke free-piston engine [J]. Energy, 2014, 68: 167 – 173.

[17] Hibi A, Ito T. Fundamental test results of a hydraulic free piston internal combustion engine [J]. Proceedings of the Institution of Mechanical Engineers, Part D: Journal of Automobile Engineering, 2004, 218 (10): 1149 – 1157.

[18] Hu Y, Hibi A. Hydraulic free-piston internal combustion engine [J]. Transactions of the Japan Society of Mechanical Engineers, 1990, 56 (525): 1565 – 1570.

[19] 许汉君, 宋金瓯, 姚春德, 等. 对置二冲程柴油机缸内流动形式对混合气形成及燃烧的模拟研究 [J]. 内燃机学报, 2009, 27: 395 – 400.

[20] 高翔. 双对置柴油机换气过程数值模拟研究 [D]. 太原: 中北大学, 2013.

[21] 裴玉姣. 对置活塞式二冲程柴油机直流扫气过程仿真分析及优化 [D]. 太原: 中北大学, 2013.

[22] 赵晓辉. 喷油参数对双对置发动机喷雾燃烧过程的影响研究 [D].

太原：中北大学，2013.

[23] 刘长振，刘广丰，郝勇刚，等. 双对置二冲程柴油机性能分析方法探讨 [J]. 柴油机，2012，34：31 - 34.

[24] 张颖，朱敏慧. 继承与创新：阿凯提斯动力公司致力开发对置活塞二冲程发动机 [J]. 汽车与配件，2011 (7)：54 - 56.

[25] 张文春. 对置活塞发动机运动和动力特性研究 [D]. 大连：大连海事大学，2013.

[26] Xu S, Wang Y, Zhu T, et al. Numerical analysis of two-stroke free piston engine operating on HCCI combustion [J]. Applied Energy, 2011, 88 (11)：3712 - 3725.

[27] Zhang Z, Zhao C, Wu D, et al. Effect of piston dynamic on the working processes of an opposed-piston two-stroke folded-cranktrain engine [J]. SAE Technical Paper, 2014：DOI：10. 4271/2014 - 01 - 1628.

[28] Zhang Z, Zhao C, Zhang F, et al. Modeling and simulation of an opposed-piston two-stroke diesel engine [C]. 2012 International Conference on Computer Distributed Control and Intelligent Environmental Monitoring：IEEE, 2012：415 - 419.

[29] Zhao Z, Wu D, Zhang F, et al. Design and performance simulation of opposed-piston folded-cranktrain engines [J]. SAE Technical Paper, 2014：DOI：10. 4271/2014 - 01 - 1638.

[30] 郭顺宏，张付军，赵振峰，等. 对置活塞二冲程内燃机折叠曲轴系统动力学分析 [J]. 内燃机工程，2014，35：75 - 82.

[31] 张付军，郭顺宏，王斌，等. 对置活塞二冲程内燃机折叠曲柄系方案设计研究 [J]. 兵工学报，2014，35：289 - 297.

[32] 周保龙，刘巽俊，高宗英. 内燃机学 [M]. 北京：机械工业出版社，1999.

[33] 魏春源，张卫正，葛蕴珊. 高等内燃机学 [M]. 北京：北京理工大学出版社，2001.

[34] 蒋德明. 高等内燃机原理 [M]. 西安：西安交通大学出版社，2002.

[35] Sher E. An improved gas dynamic model simulating the scavenging process in a two-stroke cycle engine [J]. 1980：DOI：10. 4271/800037.

［36］ Haworth D C, Huebler M S, El Tahry S H, et al. Multidimensional calculations for a two-stroke-cycle engine: a detailed scavenging model validation ［C］. SAE International, 1993: DOI: 10. 4271/932712.

［37］ 姜国栋, 朱庚生, 冯丽珠, 等. 直流扫气二冲程内燃机的扫气流动数值模拟和性能预测 ［J］. 内燃机学报, 1990: 269 - 278.

［38］ 赵峰. 直流扫气柴油机扫气过程仿真分析及优化 ［D］. 大连: 大连海事大学, 2010.

［39］ 张航. 二冲程船用柴油机扫气过程 CFD 模拟分析 ［D］. 大连: 大连海事大学, 2011.

［40］ 朱涛, 汪洋, 熊仟, 等. 液压自由活塞发动机性能模拟的参数化研究 ［J］. 机械科学与技术, 2011, 30: 869 - 875.

［41］ 朱涛, 汪洋, 张中, 等. 液压自由活塞发动机的气体流动模拟 ［J］. 中国机械工程, 2010, 21: 2196 - 2201.

［42］ McGough M G, Fanick E R. Experimental investigation of the scavenging performance of a two-stroke opposed-piston diesel tank engine ［J］. SAE Transactions, 2004: DOI: 10. 4271/2004 - 01 - 1591.

［43］ Bo T, Clerides D, Gosman A, et al. Prediction of the flow and spray processes in an automobile DI diesel engine ［J］. SAE Transactions, 1997: DOI: 10. 4271/970882.

［44］ Stephenson P, Rutland C. Modeling the effects of valve lift profile on intake flow and emissions behavior in a DI diesel engine ［J］. SAE Technical Paper, 1995: DOI: 10. 4271/952430.

［45］ Stephenson P W, Claybaker P J, Rutland C J. Modeling the effects of intake generated turbulence and resolved flow structures on combustion in DI diesel engines ［J］. SAE Transactions, 1996: DOI: 10. 4271/960634.

［46］ Espey C, Pinson J, Litzinger T. Swirl effects on mixing and flame evolution in a research DI diesel engine ［J］. SAE Transactions, 1990: DOI: 10. 4271/902076.

［47］ Kim K, Chung J, Lee K, et al. Investigation of the swirl effect on diffusion flame in a direct-injection (DI) diesel engine using image processing technology ［J］. Energy & Fuels, 2008, 22 (6): 3687 - 3694.

［48］梅凤翔，水小平，周际平. 工程力学 ［M］. 北京：高等教育出版社，2003.

［49］刘永长. 内燃机热力过程模拟 ［M］. 北京：机械工业出版社，2001.

［50］沈维道，蒋智闵，童钧耕. 工程热力学 ［M］. 北京：高等教育出版社，2000.

［51］Fredriksson J, Denbratt I. Simulation of a two-stroke free piston engine ［J］. SAE Technical Papers, 2004：DOI：10.4271/2004 − 01 − 1871.

［52］唐开元，欧阳光耀. 高等内燃机学 ［M］. 北京：国防工业出版社，2008.

［53］李向荣，魏荣，孙柏刚. 内燃机燃烧科学与技术 ［M］. 北京：北京航空航天大学出版社，2012.

［54］龚允怡. 内燃机燃烧基础 ［M］. 北京：机械工业出版社，1989.

［55］熊锐，李德桃，朱亚娜. 运用韦伯函数分析发动机燃烧过程时若干问题讨论 ［J］. 兵工学报，1994，54 （2）：1 − 7.

［56］熊锐，李德桃，吴志新. 韦伯燃烧参数研究 ［J］. 拖拉机与农用运输车，1994 （4）：31 − 35.

［57］Zhao Z, Zhang F, Zhao C, et al. Modeling and simulation of a hydraulic free piston diesel engine ［J］. SAE Technical Paper, 2008：DOI：10.4271/2008 − 01 − 1528.

［58］Miyamoto N, Chikahisa T, Murayama T, et al. Description and analysis of diesel engine rate of combustion and performance using Wiebe's functions ［J］. SAE Transactions, 1985：DOI：10.4271/850107.

［59］Chmela F G, Orthaber G C. Rate of heat release prediction for direct injection diesel engines based on purely mixing controlled combustion ［J］. SAE Transactions, 1999：DOI：//10.4271/1999 − 01 − 0186.

［60］姚林强，蒋欣. 采用 VIBE 经验公式对柴油机放热规律的分析 ［J］. 内燃机车，2006：30 − 2，7.

［61］张杰远，于书义. Matlab/Simulink 环境下柴油机单、双 Vibe 燃烧放热规律建模与仿真 ［J］. 装甲兵工程学院学报，2004：73 − 76.

［62］罗惕乾，程兆雪，谢永曜. 流体力学 ［M］. 北京：机械工业出版社，2003：151 − 157.

［63］李万平. 计算流体力学［M］. 武汉：华中科技大学出版社，2004：9－21.

［64］林建忠，阮晓东，陈邦国. 流体力学［M］. 北京：清华大学出版社，2005：444－449.

［65］周海磊. 柴油机三维流体流动数值分析［D］. 成都：西南交通大学，2008.

［66］周阳春. 柴油机喷雾和预混合燃烧过程的仿真分析［D］. 长春：吉林大学，2006.

［67］AVL. CFD－solver－v2010－04－ICE－physics & chemistry，2010.

［68］王福军. 计算流体动力学分析：CFD 软件原理与应用［M］. 北京：清华大学出版社，2004.

［69］吴颂平，刘赵淼. 计算流体力学基础及其应用［M］. 北京：机械工业出版社，2007：24－65.

［70］解茂昭. 内燃机计算燃烧学［M］. 大连：大连理工大学出版社，2005：3－5.

［71］朱访君，吴坚. 内燃机工作过程数值计算及其优化［M］. 北京：国防工业出版社，1997.

［72］牛有城. 大功率柴油机燃烧过程参数化分析及系统参数优化匹配研究［D］. 北京：北京交通大学，2009.

［73］Bianchi G，Pelloni P. Modeling the diesel fuel spray breakup by using a hybrid model［J］. SAE Technological Paper，1999：DOI：10.4271/1999－01－0226.

［74］刘福水，李志杰，李向荣. 压缩比在1132柴油机一维仿真计算中取值规律的研究［J］. 车用发动机，2010（2）：7－10.

［75］田文国，哈子铭，叶荣华. 柴油机有效压缩比与参数变化之探讨［J］. 中国航海，2007：93－98.

［76］Klein M，Eriksson L. Methods for cylinder pressure based compression ratio estimation［J］. SAE Technological Paper，2006：DOI：10.4271/2006－01－0185.

［77］Klein M，Eriksson L，Åslund J. Compression ratio estimation based on cylinder pressure data［J］. Control Engineering Practice，2006，14（3）：197－211.

［78］刘建英. 高强化柴油机燃烧系统参数优化匹配的多维仿真研究［D］. 北京：北京交通大学，2007.

［79］Heywood J B. Internal combustion engine fundamentals［M］. New York：McGraw - Hill Education，2018.

［80］长尾不二夫，冯中. 内燃机原理与柴油机设计［M］. 万欣，译. 北京：机械工业出版社，1984.

［81］赵选民. 试验设计方法［M］. 北京：科学出版社，2006.

［82］王乃坤，江树华，曲志程. 正交试验设计方法在试验设计中的应用［J］. 黑龙江交通科技，2003（8）：89 - 90.

［83］张应山. 正交表的数据分析及其构造［D］. 上海：华东师范大学，2006.

［84］庞善起. 正交表的构造方法及其应用［D］. 西安：西安电子科技大学，2003.

［85］杨子婿. 正交表的构造［M］. 济南：山东人民出版社，1978.

［86］Wallace F，Cave P. Experimental and analytical scavenging studies on a two-cycle opposed piston diesel engine［J］. SAE Technical Paper，1971：DOI：10. 4271/710175.

［87］Olsen D B，Holden J C，Hutcherson G C，et al. Formaldehyde characterization utilizing in-cylinder sampling in a large bore natural gas engine［J］. Journal of Engineering for Gas Turbines and Power，2001，123（3）：669 - 676.

［88］Johnsson J E，Glarborg P，Dam - Johansen K. Thermal dissociation of nitrous oxide at medium temperatures［J］. Symposium（International）on Combustion，1992，24（1）：917 - 923.

［89］Isigami S，Tanaka Y，Tamari M. The trapping efficiency measurement of two stroke cycle diesel engine by tracer gas method［J］. Bulletin of JSME，1963，6（23）：524 - 531.

［90］Huber E. Measuring the trapping efficiency of internal combustion engines through continuous exhaust gas analysis［J］. SAE Transactions，1971：DOI：10. 4271/710144.

［91］Olsen D B，Hutcherson G，Willson B，et al. Development of the tracer gas method for large bore natural gas engines—part I：method validation［J］. Journal of Engineering for Gas Turbines and Power, 2002, 124 (3): 678 – 685.

[92] Olsen D B. Experimental and theoretical development of a tracer gas method for measuring trapping efficiency in internal combustion engines [M]. Colorado State University, 1999.

[93] Sher E. Scavenging the two-stroke engine [J]. Progress in Energy Combustion Science, 1990, 16 (2): 95 – 124.

[94] Heywood J B, Sher E. The two-stroke cycle engine: its development, operation, and design [M]. New York: Routledge, 2017.

[95] 谢钊毅, 赵振峰, 张付军, 等. 对置活塞式双动力输出柴油机燃烧特性试验研究 [J]. 内燃机工程, 2016, 37: 98 – 103.

[96] 章振宇, 赵长禄, 张付军, 等. 对置二冲程柴油机喷油规律曲线对燃烧过程影响的仿真研究 [J]. 内燃机工程, 2015, 36: 32 – 37.

[97] Xie Z, Zhao Z, Zhang Z. Numerical simulation of an opposed-piston two-stroke diesel engine [J]. SAE Technical Paper, 2015: 2015 – 01 – 0404.

[98] 董雪飞, 赵长禄, 赵振峰. 进排气压力对增压对置活塞二冲程发动机的影响研究 [J]. 内燃机工程, 2016, 37: 28 – 32.

[99] 彭立印. 柴油机缸内流体流动数值分析 [D]. 成都: 西南交通大学, 2007.

[100] 赵高晖, 徐兆坤, 李西秦, 等. 柴油机进气和压缩过程中气缸内流动的研究 [J]. 内燃机工程, 2003, 24 (3): 80 – 84.

[101] Taylor W, Leylek J H, Tran L T, et al. Advanced computational methods for predicting flow losses in intake regions of diesel engines [J]. SAE Transactions, 1997: DOI: 10.4271/970639.

[102] Montajir R M, Tsunemoto H, Ishitani H, et al. Effect of reverse squish on fuel spray behavior in a small DI diesel engine under high pressure injection and high charging condition [J]. SAE Transactions, 2000: DOI: 10.4271/2000 – 01 – 2786.

[103] Miles P, Megerle M, Hammer J, et al. Late-cycle turbulence generation in swirl-supported, direct-injection diesel engines [J]. SAE Transactions, 2002: DOI: 10.4271/2002 – 01 – 0891.

[104] Lendormy E, Kaario O, Larmi M. CFD modeling of the initial turbu-

lence prior to combustion in a large bore diesel engine [J]. SAE Technical Paper, 2008: DOI: 10. 4271/2008 – 01 – 0977.

[105] Jakirlić S, Tropea C, Hadžić I, et al. Computational study of joint effects of shear, compression and swirl on flow and turbulence in a valveless piston-cylinder assembly [J]. SAE Transactions, 2001: DOI: 10. 4271/2001 – 01 – 1236.

[106] Dent J, Chen A. An investigation of steady flow through a curved inlet port [J]. SAE Transactions, 1994: DOI: 10. 4271/940522.

[107] Borgnakke C, Davis G, Tabaczynski R. Predictions of in-cylinder swirl velocity and turbulence intensity for an open chamber cup in piston engine [J]. SAE Transactions, 1981: DOI: 10. 4271/810224.

[108] Auriemma M, Caputo G, Corcione F E, et al. Fluid-dynamic analysis of the intake system for a HDDI diesel engine by STAR – CD code and LDA technique [J]. SAE Transactions, 2003: DOI: 10. 4271/2003 – 01 – 0002.

[109] Antila E, Larmi M, Saarinen A, et al. Cylinder charge, initial flow field and fuel injection boundary condition in the multidimensional modeling of combustion in compression ignition engines [J]. SAE Technical Paper, 2004: DOI: 10. 4271/2004 – 01 – 2963.

[110] 石磊, 丰琳琳, 周涌明, 等. 船用二冲程柴油机鼓风机扫气模型与切换规律研究 [J]. 内燃机工程, 2012, 33: 31 – 35.

[111] 丰琳琳. 二冲程低速柴油机工作过程与增压系统的计算研究 [D]. 上海: 上海交通大学, 2007.

[112] GT – POWER Users' Manual version 7. 1 [Z]. Gamma Technologies, 2010.

[113] Rose A T, Akehurst S, Brace C. Modelling the performance of a continuously variable supercharger drive system [J]. Proceedings of the Institution of Mechanical Engineers, Part D: Journal of Automobile Engineering, 2011, 225 (10): 1399 – 1414.

[114] 朱振夏. 增压柴油机高原环境下供油与进气调节研究 [D]. 北京: 北京理工大学, 2015.

[115] 王文阁. 应用电动增压器提高车辆高原行驶的动力性 [J]. 汽车技术, 2004 (9): 5 – 8.

［116］朱晓东. 机械增压器工作性能与实验研究［D］. 湖南：中南大学，2009.

［117］Saulnier S，Guilain S. Computational study of diesel engine downsizing using two-stageturbocharging［J］. SAE Technical Paper，2004：DOI：10. 4271/2004 - 01 - 0929.

［118］Lee B，Filipi Z，Assanis D，et al. Simulation-based assessment of various dual-stage boosting systems in terms of performance and fuel economy improvements［J］. SAE International Journal of Engines，2009，2（1）：1335 - 1346.